MAGISTERIO

Casas Alfonso, Esperanza

   Festival matemático: desarrollo del pensamiento visual y espacial / Esperanza Casas Alfonso. - Santafé de Bogotá: Cooperativa Editorial Magisterio, 2.000.

   154 p.: il. ; 24 cm. - (Colección Aula Alegre)

   Incluye bibliografía.

   1. Matemáticas recreativas 1. Tít.II. Serie 793.74 cd 19 ed. AGR3311

CEP•Biblioteca Luis-Angel Arango

Esperanza Casas Alfonso

Festival Matemático

MAGISTERIO

Festival matemático
Desarrollo del pensamiento visual y espacial

Autora
© ESPERANZA CASAS ALFONSO

Libro ISBN 978-958-20-0494-1

Segunda edición: 2017
Reimpresión: 2018

© COOPERATIVA EDITORIAL MAGISTERIO
Diag. 36 Bis (Parkway La Soledad) N° 20-70
PBX: (0571) 338-3605
Bogotá, D.C., Colombia
www.magisterio.com.co

Dirección General
ALFREDO AYARZA BASTIDAS

A mi padre Alfonso.

A pesar de los pocos momentos compartidos.

Contenido

Introducción

Capítulo 1

Poliminós 11

    Soluciones 27

Capítulo 2

Rompecabezas.. 39

1. El Tangram Chino

    Soluciones 51

2. El huevo mágico 63

3. Tangram de cuatro piezas 65

4. Tangram circular 66

5. Construye tus propios rompecabezas 67

Capítulo 3

Policubos 69

El cubo soma 69

   Soluciones 106

Capítulo 4

El geoplano 111

   Soluciones 124

Capítulo 5

Pasatiempos con monedas 127

   Soluciones 135

Capítulo 6

Solo para pilos 127

   Soluciones 134

Bibliografía 149

Introducción

Una atenta mirada a los artículos 16, 20, 21 y 22; contenidos en la Ley General de Educación, nos permite afirmar que en ella se recoge la tendencia actual de las teorías de la enseñanza-aprendizaje; a enfatizar en la educación matemática:

- El desarrollo del pensamiento lógico-matemático.
- El estímulo de habilidades, destrezas y capacidades tomando como eje central la interpretación y resolución de problemas teniendo en cuenta tres conocimientos básicos:

  1. El conocimiento estratégico.
  2. El conocimiento semántico.
  3. El conocimiento algorítmico.

1. *El conocimiento estratégico.* Es el que más deterioro ha sufrido en las propuestas curriculares de las décadas precedentes.

   Las actividades de investigación y resolución de problemas que presento ofrecen a los profesores recursos para mejorar este conocimiento, orientados al desarrollo del pensamiento (observación, atención, concentración, percepción, discriminación visual, creatividad, coordinación motriz, juicio y razonamiento).

Los objetivos generales implicados en el conocimiento estratégico, se alcanzan por medio de distintos tipos de actividades:

a. *Manipulativas:* Se aprovechan las tendencias naturales de manipular objetos concretos para a través de la observación, el diseño, la construcción y la composición de dichos objetos se analicen las propiedades de carácter matemático en su utilización y manejo.

b. *Reflexión:* Utilizando problemas, juegos lógicos y de estrategia se pretende que los niños y las niñas desarrollen la capacidad lógica de razonamiento.

c. *De observación del entorno:* Analizando, identificando y trabajando sobre su medio, se busca que los alumnos y las alumnas abstraigan su contenido matemático.

En este eje se agrupan actividades como los rompecabezas, cuadrados y estrellas mágicas, interpretación y construcción de modelos, mosaicos, poliminós, el cubo soma y actividades con el geoplano, laberintos, matemagramas, etc.

2. *El conocimiento semántico:* Hace referencia al significado y dominio de los conceptos. El énfasis no es la creación de nuevos contenidos, sino que se amplía el conocimiento matemático sobre la red conceptual que ya se tiene.

3. *El conocimiento algorítmico:* Hace referencia al dominio de ciertas técnicas operatorias, organizando el conocimiento matemático de tal forma que quede ligado al desarrollo de las estructuras mentales de los estudiantes.

Los conocimientos matemáticos deben ser significativos, es decir, una vez el alumno o alumna los interiorice puede aplicarlos a situaciones nuevas y desconocidas.

CAPÍTULO 1

POLIMINÓS

Los poliminós fueron creados por el matemático norteamericano Solomon W. Golomb, en 1954. Las posibilidades didácticas y pedagógicas se basan en los siguientes aspectos:

- Generación de los distintos tipos de poliminós.

- Desarrollos planos del cubo.

- Formación de losetas que permiten teselar el plano.

- Manipulación del concepto de movimiento en el plano.

- Uso de los poliminós con fines lúdico-creativos.

Golomb, definió los poliminós como las configuraciones que descubren cuadros adyacentes de un tablero de ajedrez o como un grupo de cuadros unidos por los lados de tal manera que cada dos de ellos tienen al menos un lado común.

Los poliminós se clasifican en:

- *Uniminós:* Formados por un solo cuadrado. Sólo existe uno.

- *Dominós:* Formados por dos cuadrados. Sólo existe uno.

- *Triminós:* Formados por tres cuadrados.

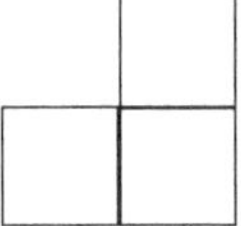

- *Tetraminós:* Formados por cuatro cuadrados.

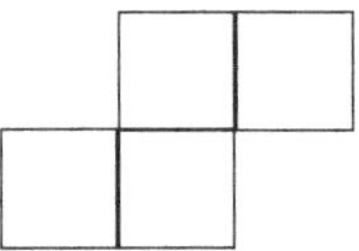

- *Pentominós:* Formados por cinco cuadrados.

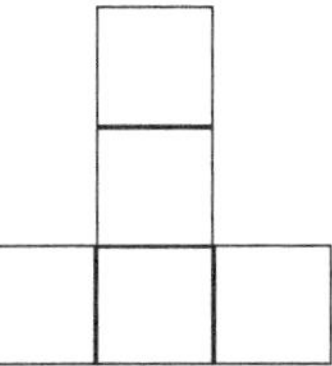

- *Hexaminós:* Formados por seis cuadrados.

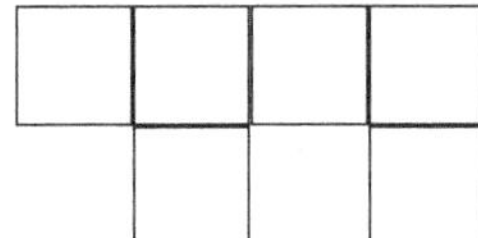

Los poliminós de órdenes superiores, se utilizan muy poco.

Actividades

1. Tenemos los siguientes tetraminós.

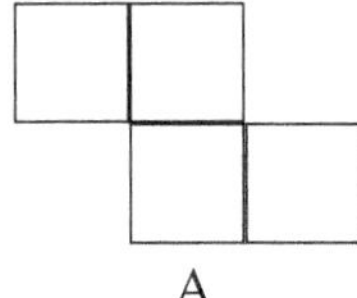

A

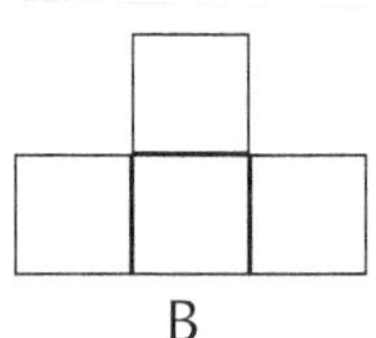

B

Con cuatro cuadrados de lado unidad.

- Construye un cuadrado de orden 4x4, utilizando cuatro losetas del tipo B.

- Muestra la forma de construir rectángulos de dimensiones: 5 x 4,6 x 4, 7 x 4,8 x 4 y 9 x 4, que contengan las losetas de ambos tipos (Ay B).

2. Tenemos representados los 35 hexaminós distintos que existen.

   Si se doblasen por los lados que unen dos cuadrados, ¿Cuáles hexaminós servirían para construir un cubo?

3. Encontramos un rectángulo de 2 x 5 m.

2 m.

5 m.

Con tres cortes rectos, divide el rectángulo en cinco piezas para obtener un cuadrado.

4. Un hexaminó par es aquél que tiene cuatro cuadrados negros y dos cuadrados blancos, sombreados alternativamente, como en el juego del ajedrez así:

Hexaminó par

Un hexaminó impar es aquél que tiene tres cuadrados sombreados y tres cuadrados blancos (alternas), así:

Hexaminó impar

De la misma manera sombrea todos los hexaminós y clasifícalos en pares e impares.

5. Recorta seis pentominós, como el siguiente.

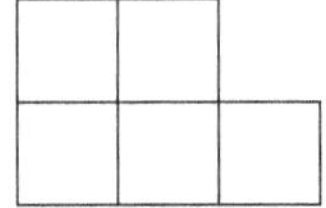

Con ellos construye:

- 1 rectángulo de orden 5 x 2
- 3 rectángulos de orden 5 x 4
- 6 rectángulos de orden 6 x 5

6. Construye todos los posibles tetraminós.

7. Los doce posibles pentominós coinciden con las letras del abecedario

   T, U, V, W, X, Y, Z. y la palabra FILIPINO.

   Con base en la información anterior, construye los doce pentominós.

8. Las amebas se mueven cambiando de forma. La serie de formas siguientes tienen todas igual superficie y van transformándose de una en otra por una regla sencilla.

   Averigua de qué regla se trata y dibuja las dos formas siguientes. ¿Llegará alguna vez la forma a regresar a su posición primitiva?

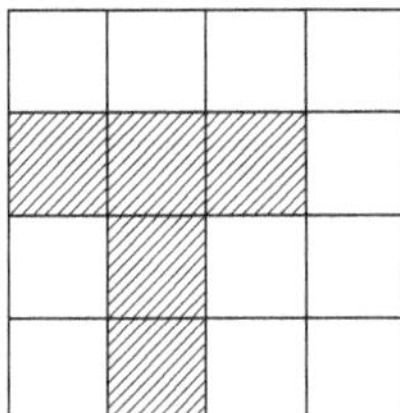 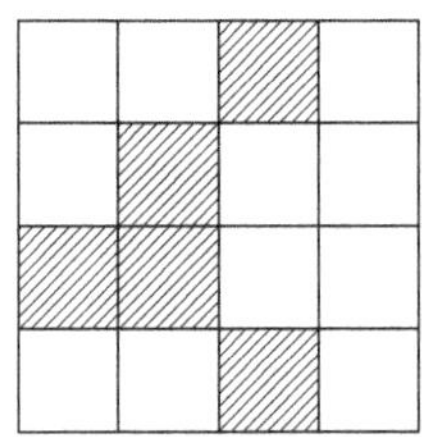

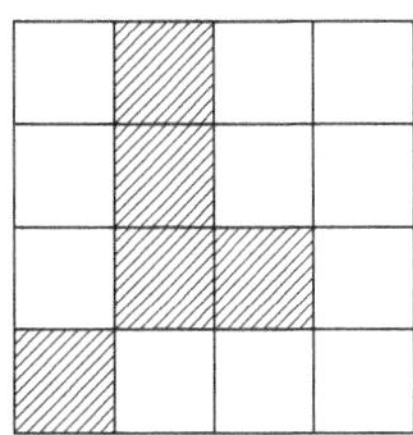 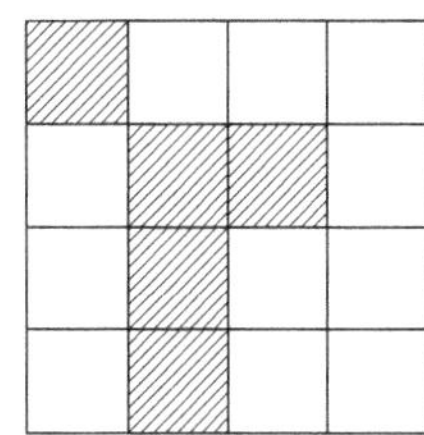

9. Con los doce pentominós recubre el área de los siguientes rectángulos.

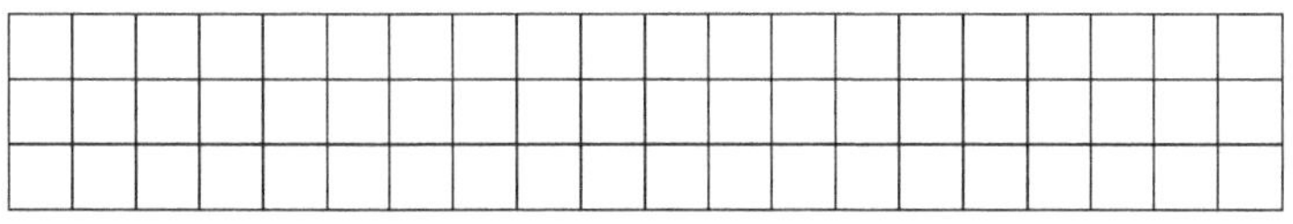

20 x 3

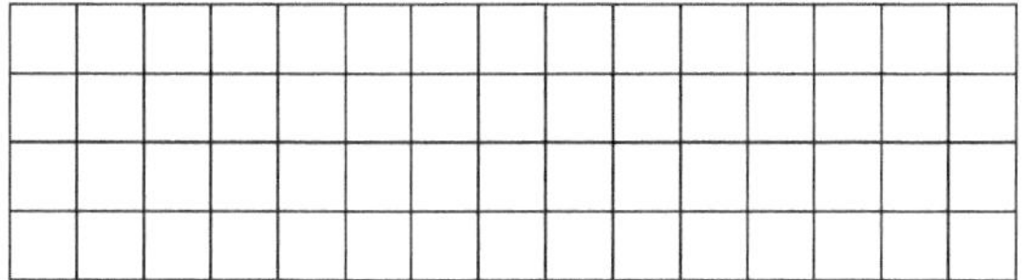

15 x 4

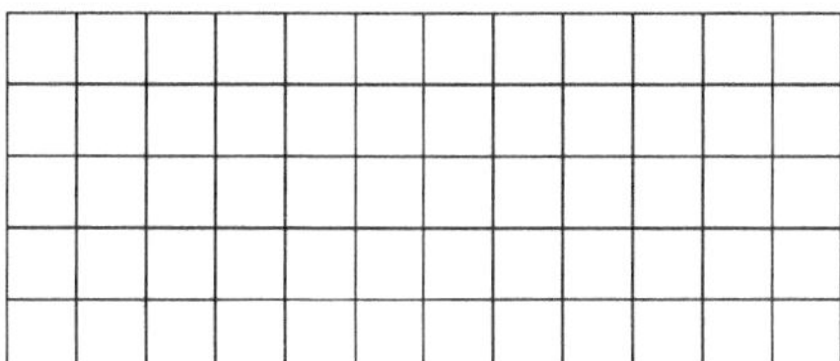

12 x 5

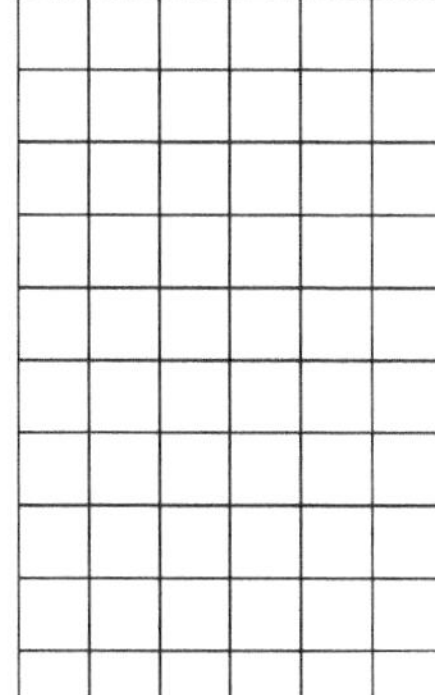

6 x 10

10. Determina la regla de esta segunda serie ameoide e investiga las diferenes formas como van siendo generadas

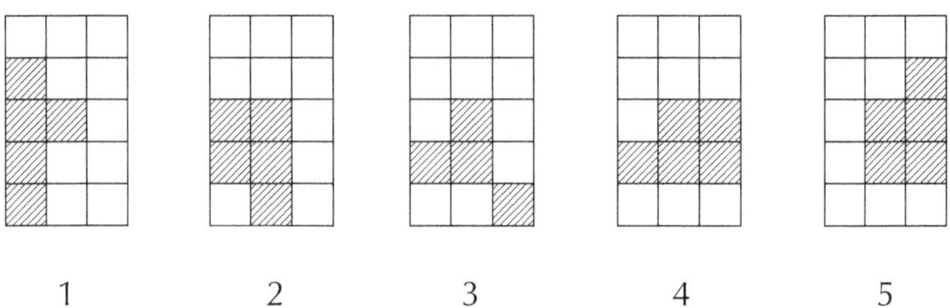

1   2   3   4   5

11. Recubre la siguiente figura, con los doce pentominós.

12. Construye las siguientes figuras, utilizando poliminós.

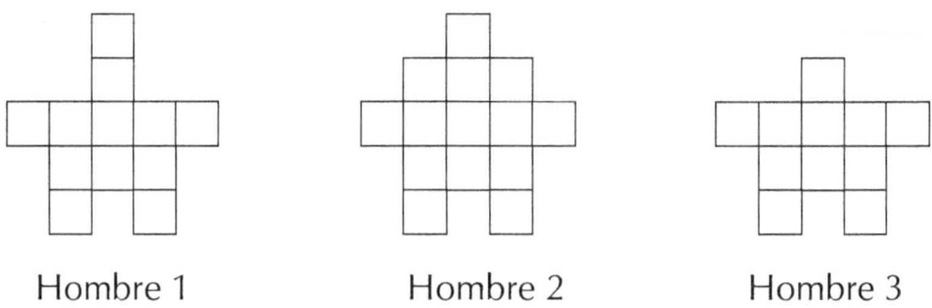

Hombre 1   Hombre 2   Hombre 3

Perro A   Perro B

13. Recubre con dominós, las siguientes áreas:

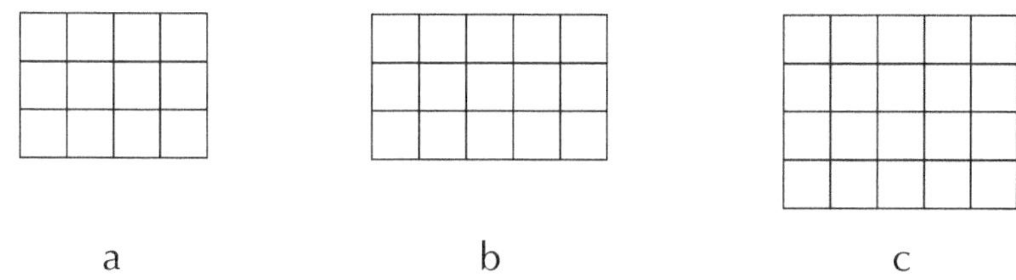

a   b   c

14. Recubre la sigiente pirámide, con los doce pentominós. Cada uno se debe utilizar una sola vez.

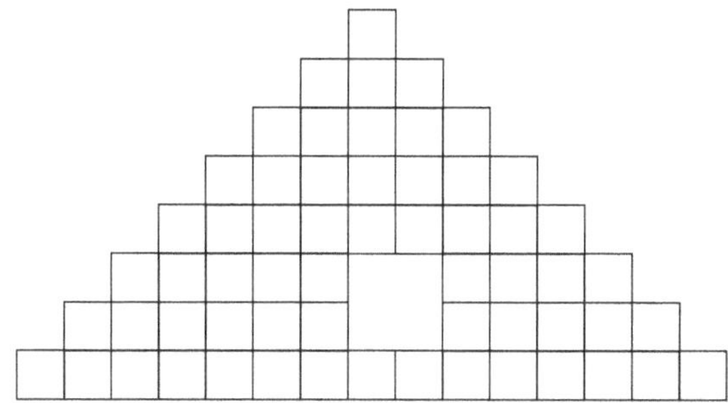

15. Recubre con dominós la siguiente figura.

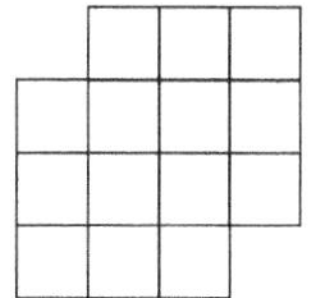

16. Construye un rectángulo de orden 3 x 7, con las siguientes fichas:

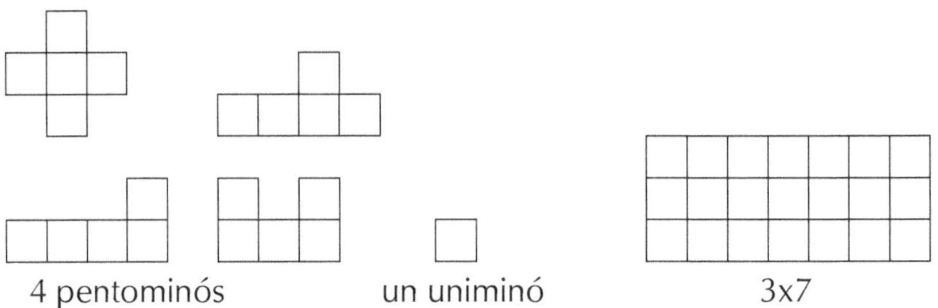

4 pentominós   un uniminó   3x7

17. ¿Podrías recubrir el mismo rectángulo, del ejercicio anterior, con cuatro pentominós diferentes y un uniminó?

18. Recubre una cuadrícula de orden 4 x 4, utilizando cinco triminós rectos y un monominó.

19. Recubre un cuadrado de orden 8 x 8, con cada uno de los cinco tetraminós.

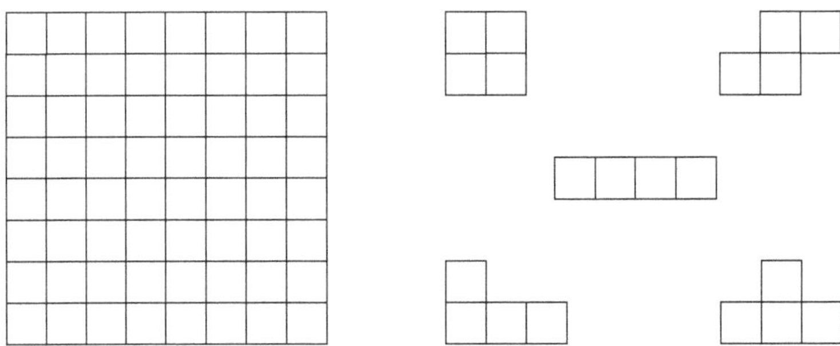

20. Recubre un cuadrado de orden 4 x 4, utilizando.

  a. Cuatro tetraminós rectos

b. Cuatro tetraminós cuadrados

c. Cuatro tetraminós en forma de T

d. Cuatro tetraminós oblicuos

e. Cuatro tetraminós en forma de L

21. Juego con los pentominós

Con un tablero cuadrado de orden 10x10, y dos colecciones, (una para cada jugador), de distinto color, de los doce pentominós cada uno, procedemos a jugar; así:

- Por turnos, cada jugador coloca un pentominó en el tablero, de manera que no se superponga a ninguna pieza ya colocada. La pieza colocada no se puede retirar ni cambiar de lugar.

  Gana el jugador que impide a su oponente colocar una de sus piezas.

22. Con un pentominó y un tetraminó se re cubren nueve casillas. Averigua tres formas de conectarlas, para formar una cuadrícula de orden 3 x 3.

23. Juego con tetraminós

    Cada jugador, por turno, dibuja un tetraminó en un tablero de orden 8 x 8. Un mismo tetraminó se puede dibujar cuantas veces se quiera. Una vez dibujada una pieza no se puede modificar.

    Pierde el jugador que en su turno, no puede dibujar un tetraminó.

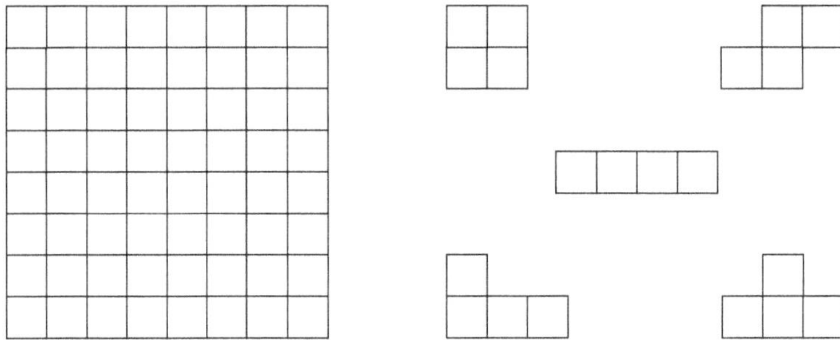

24. Con dos pentominós, podemos recubrir diez casillas. Conéctalas para formar un rectángulo de orden 3 x 4, al que le hacen falta dos casillas. Existen 15 posibilidades.

25. Con tres pentominós diferentes, construye un rectángulo de orden 3x5.

26. Combina seis piezas del pentominó para armar un rectángulo de orden 5x6.

27. La siguiente figura está construida por cuatro pentominós iguales.

Encuentra los pentominós, que forman las siguientes figuras.

28. Encuentra los pentominós que forman las siguientes figuras.

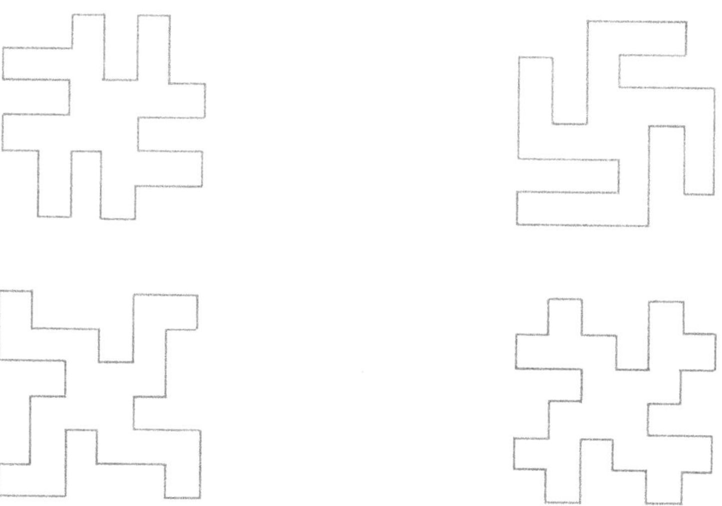

29. Construye un rectángulo de orden 5 x 3 con los siguientes penta-
minós.

30. Elabora los materiales, para realizar los siguientes juegos.

Juego No. 1

Objetivo del juego

Colocar la última pieza del triminó, en una cuadrícula de orden 5 x5.

Número de jugadores

Dos o más.

Material

Cuatro triminós rectos y cuatro triminós acodados; una cuadrícula de
orden 5 x 5.

Reglas

Cada jugador coloca por turno una pieza de triminó de modo que:

• Cubra exactamente tres casillas de la cuadrícula.

• No se superpongan las piezas.

Pierde el jugador que sea incapaz de colocar una pieza.

Juego No. 2

Objetivo del juego

Colocar la última pieza del tetraminó en una cuadrícula de orden 8 x 8.

Número de jugadores

Dos o más.

Reglas

Una cuadrícula de orden 8 x 8 y lápices.

Cada jugador por turno, dibuja un tetraminó en el interior de la cuadrícula de manera que:

*   Ocupe exactamente cuatro casillas.
*   No superponga los dibujos.

Pierde quien no pueda dibujar el tetraminó.

31. Recubre las siguientes figuras con las doce piezas del pentominó.
    Busca diferentes posibilidades

32. Con las piezas del pentominó construye:
    - Rectángulos de orden 3x5.
    - Cuadrados de orden 5x5.
    - Rectángulos de orden 8x5.
    - En cada caso halla el perímetro y el área.

33. Con algunos de los poliminós, construye cuadrados de orden 8x8.

Soluciones

1. No se pueden construir cuadrados más pequeños. El de orden 2x2
   es imposible; y el de orden 3 x 3 tiene un área de nueve unidades
   cuadradas, por lo que es imposible construirlo con losetas de cuatro
   unidades cuadradas.

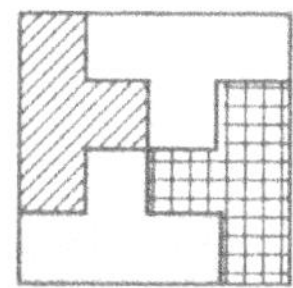

- Los siguientes diagramas dan soluciones para los rectángulos 5 x 4,
  6 x 4, 7 x 4, 8 x 4 y 9 x 4.

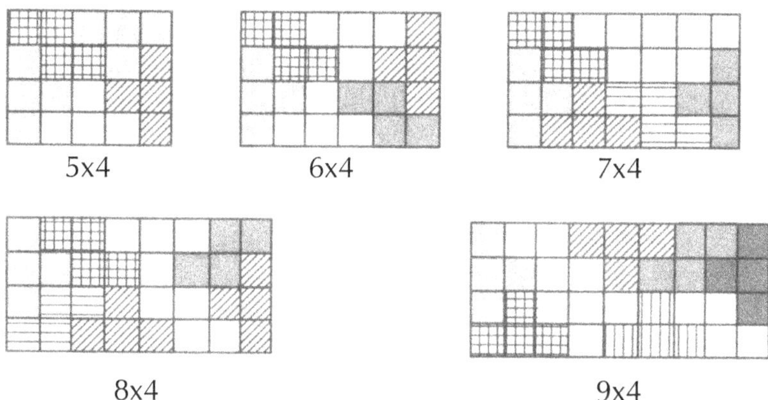

Las soluciones no son únicas.

Se podría obtener, por ejemplo, una solución de 9 x 4, diferente
acoplando la del rectángulo de 5 x 4 con la del cuadrado de 4x4.

Todos los rectángulos n x 4, n≥4, son construibles de este modo, como
es fácil comprobar ensamblando combinaciones de las soluciones aquí
dadas.

2. Los hexaminós que sirven para construir un cubo son:

3. Empezamos cortando un cuadrado de 2 x 2, después cortamos el triángulo restante en dos rectángulos de orden 3 x 1. Apilamos uno sobre otro estos dos rectángulos idénticos que encajaban perfectamente en torno al cuadrado de orden 2 x 2, formando un cuadrado de orden $\sqrt{10} \times \sqrt{10}$

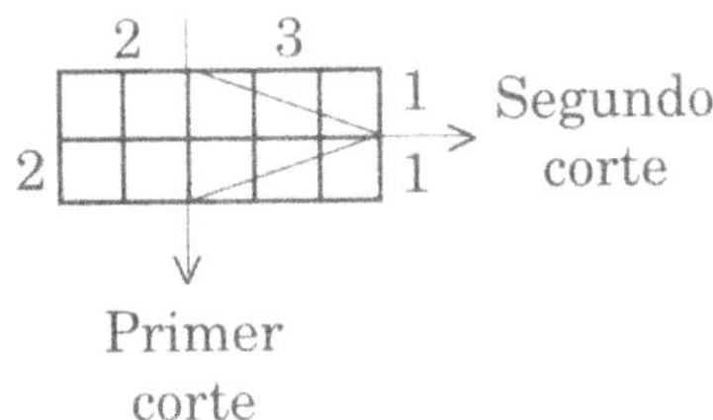

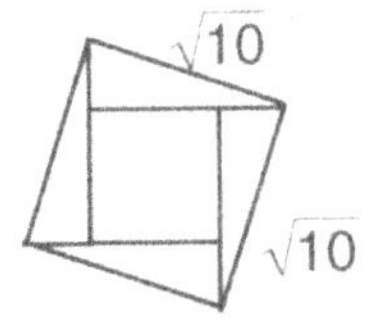

5. Como un cuadrado formado por pentominós ha de tener $(5n)^2$ cuadrados, la mínima posibilidad es la de orden 5 x 5, de tal forma que no se puede recubrir con seis pentominós un rectángulo de orden 5 x 2. La siguiente posibilidad que se puede considerar es la de orden 10 x 10, fácil de formar con pentominós, pero no con los seis.

Tres rectángulos de orden 5 x 4

Seis rectángulos de orden 6 x 5

6. Existen cinco tetraminós.

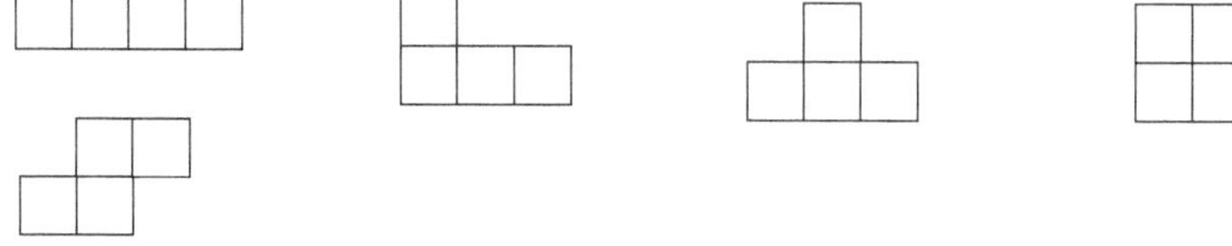

7.

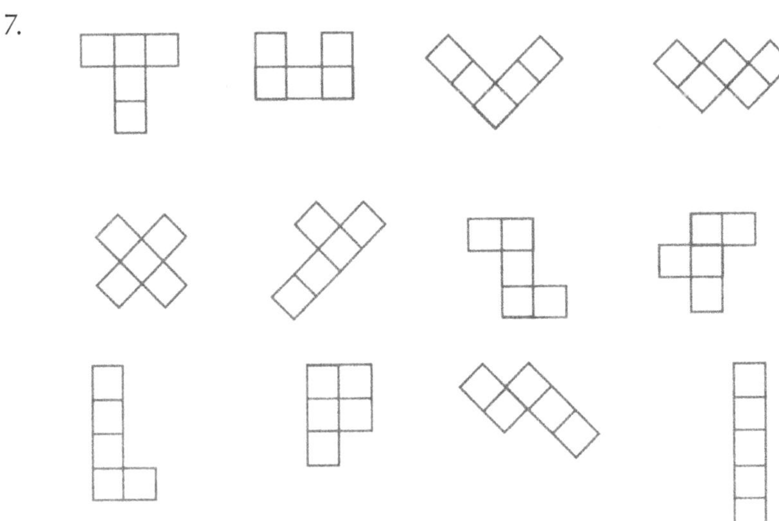

8. Cada forma está compuesta por cinco cuadrados, dos de los cuales no se mueven, sin embargo, los otros tres cuadrados; A, By C, se deslizan en torno a los dos cuadrados fijos en sentido contrario al de las manecillas del reloj, a razón de un cuadrado por vez. Si nos fijamos sucesivamente en cada una de las figuras A, By C, podemos ver que regresan a su posición inicial después de 10 jugadas, por lo que la forma número 11 será idéntica a la forma número 1.

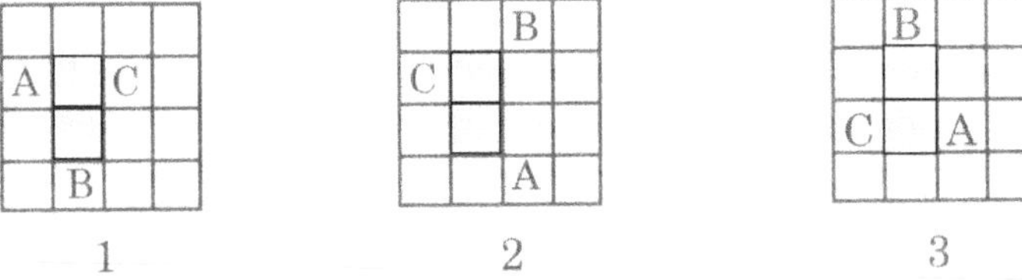

9.

20 x 3

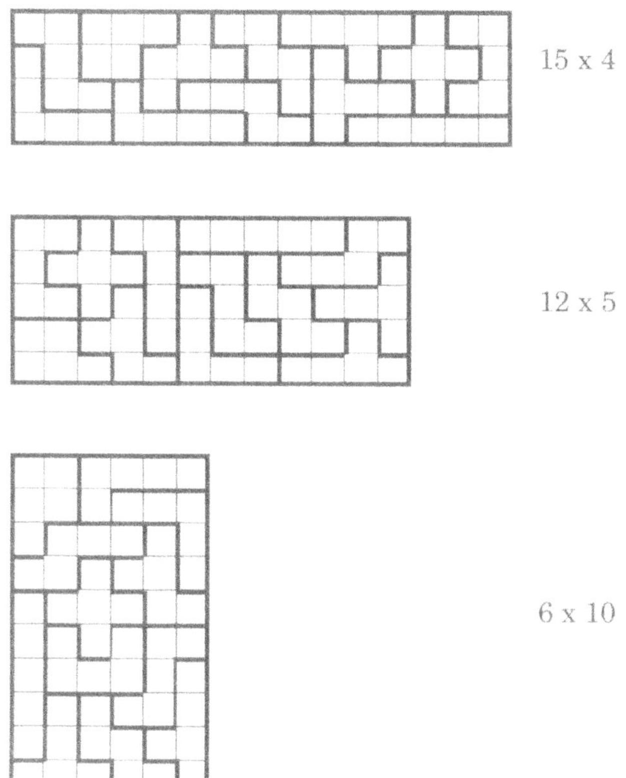

15 x 4

12 x 5

6 x 10

10. Esta serie ameboide tiene un cuadrado fijo, mientras que dos de los otros cuadrados se mueven juntos como si formasen un rectángulo de orden 2 x 1. Los cuadrados A y B Y el rectángulo e se deslizan en torno al cuadrado fijo en sentido antihorario.

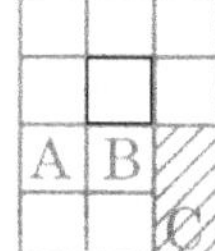

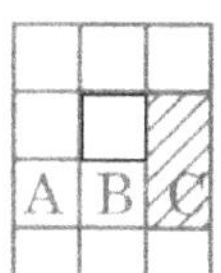

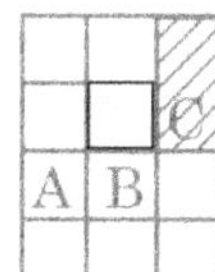

11.

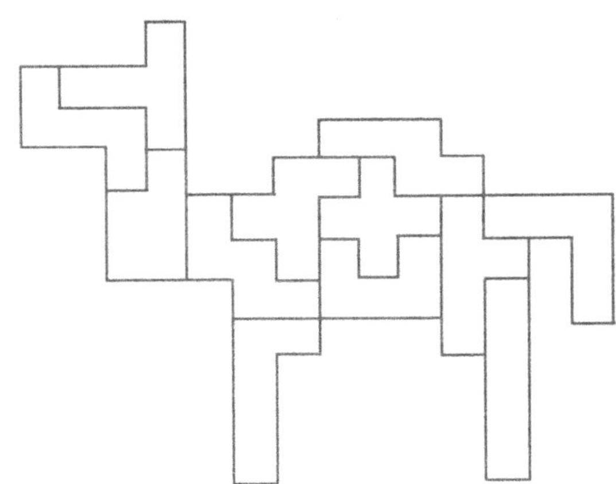

13. No se puede recubrir la figura b. Cada dominó ocupa dos casillas. Un número impar no puede dar un cociente entero al dividirlo por 2. Si un rectángulo tiene un número impar de casillas no se puede recubrir completamente con dominós.

Siempre quedará una casilla sin ocupar.

No existe una única solución para las figuras a y c.

14.

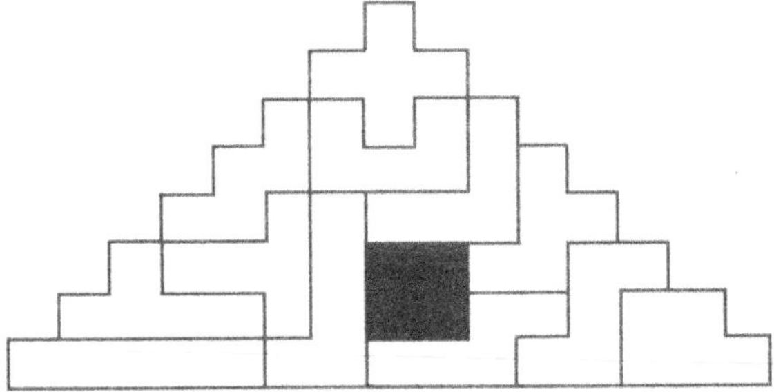

15. Después de muchos intentos advertirás que es imposible conseguirlo.

Imagina que la figura está construida como un tablero de ajedrez, es decir, que alternan en ella los colores de casilla en casilla.

Empezarás con ocho casillas blancas y seis casillas negras.

Por lo tanto, cada dominó debe cubrir una casilla blanca y casilla negra.

Después de colocar seis dominós te quedarán sin cubrir dos casillas blancas. Y como cada dominó ha de cubrir una casilla blanca y una negra, no se pueden ocupar las dos casillas blancas restantes con un dominó.

16. 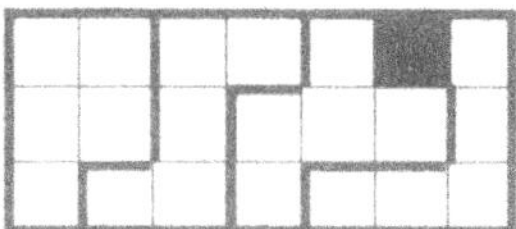

17. 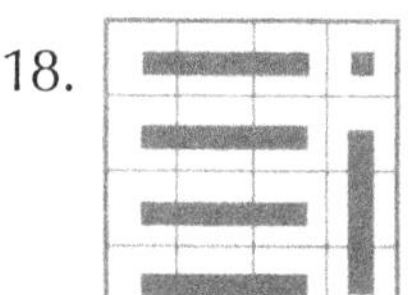

18. 

Como una cuadrícula de 4 x 4 tiene dieciséis casillas, quince de ellas deben quedar cubiertas por los cinco triminós, y la casilla número dieciséis por el monominó. Sólo se puede colocar el monominó en una esquina de la cuadrícula, como se indica en la figura.

19. Es posible recubrir el cuadrado de orden 8 x 8, con todos los tetraminós, excepto con el siguiente.

20. Al intentarlo, te darás cuenta que no se consigue en todos los casos. En la práctica, podrás hacerlo con todos los tetraminós, excepto los oblicuos.

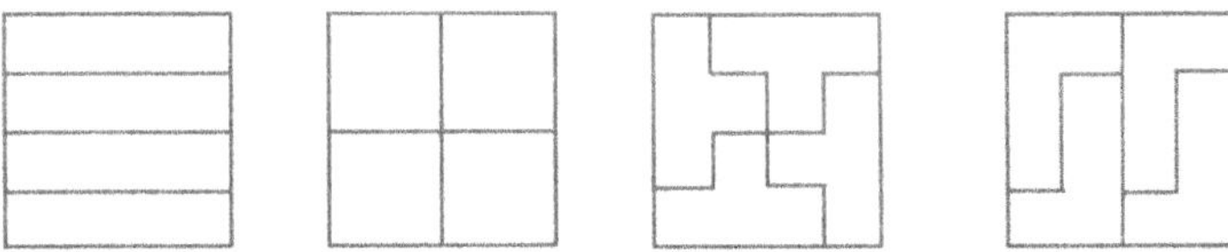

22.

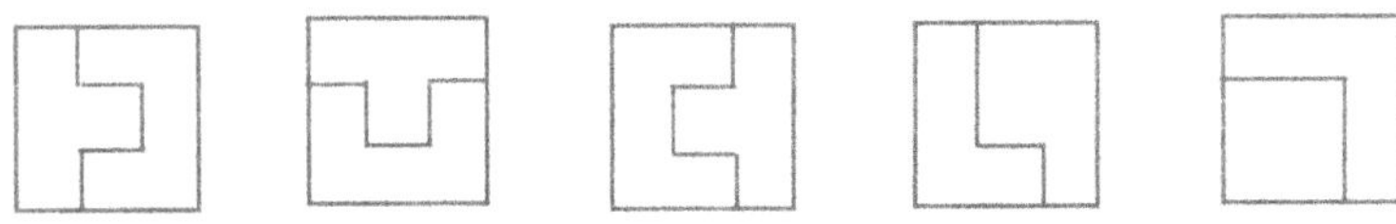

24. Estas son algunas de las formas que se pueden encontrar:

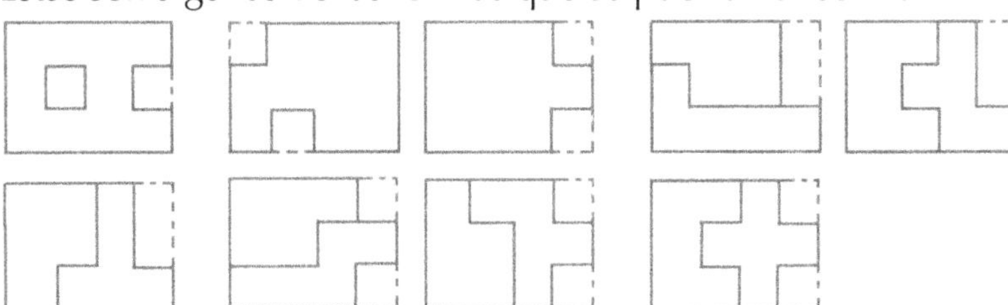

25.

26. La estrategia consiste en construir dos cuadrículas de 3x5, utilizando diferentes piezas y reunirlas.

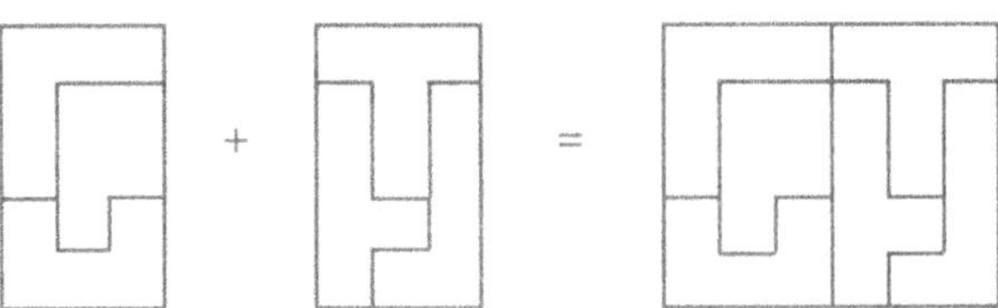

27.

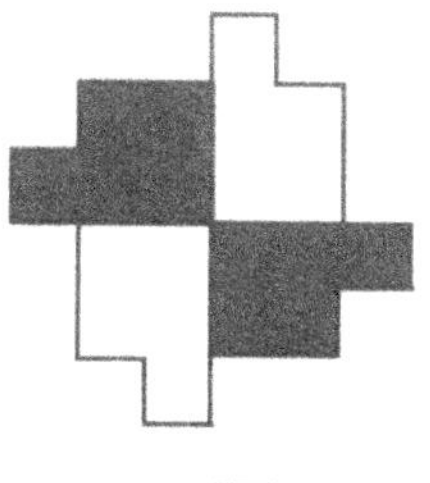 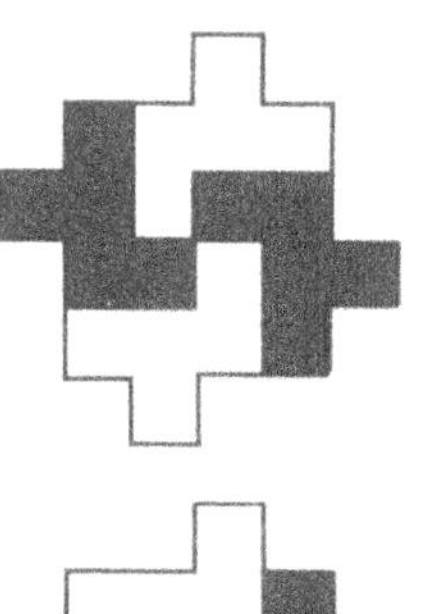

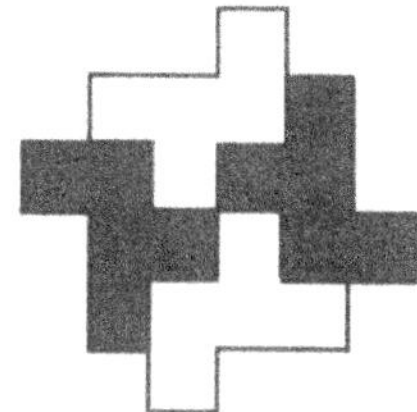 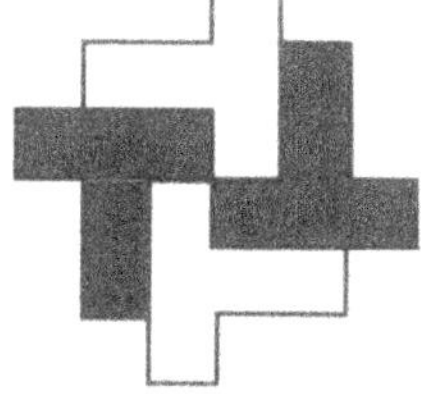

28.

 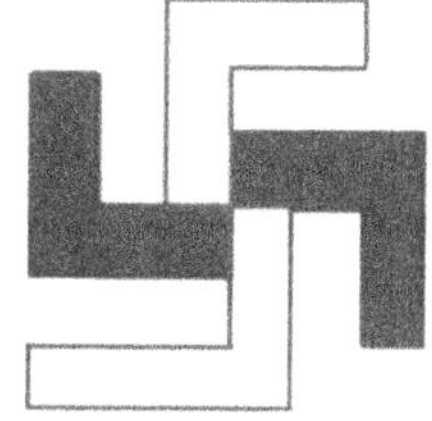

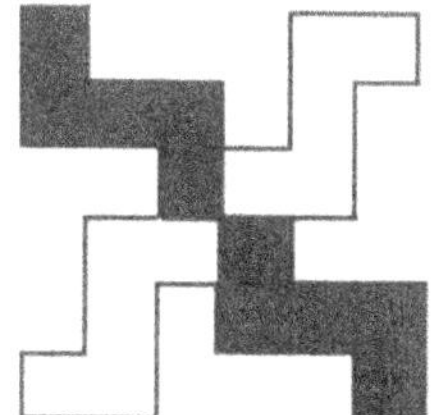 

29.

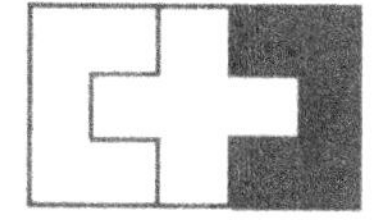

31.

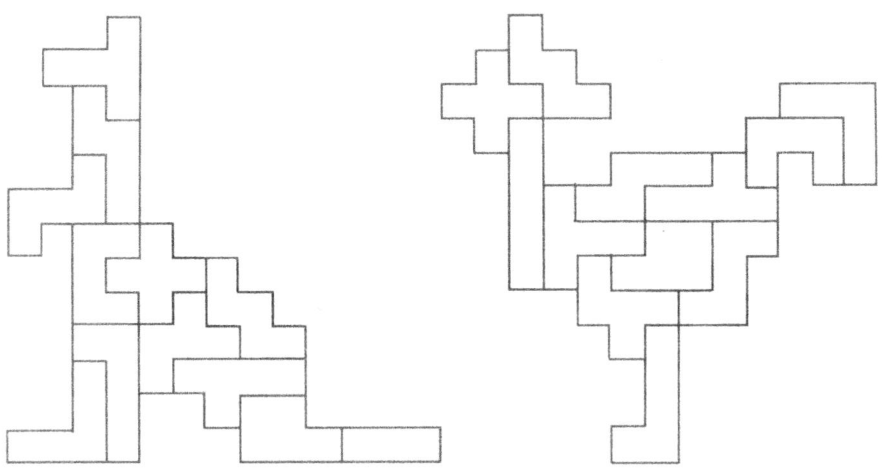

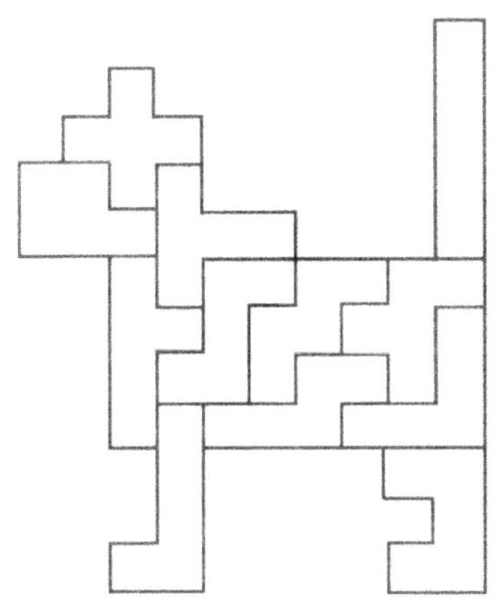

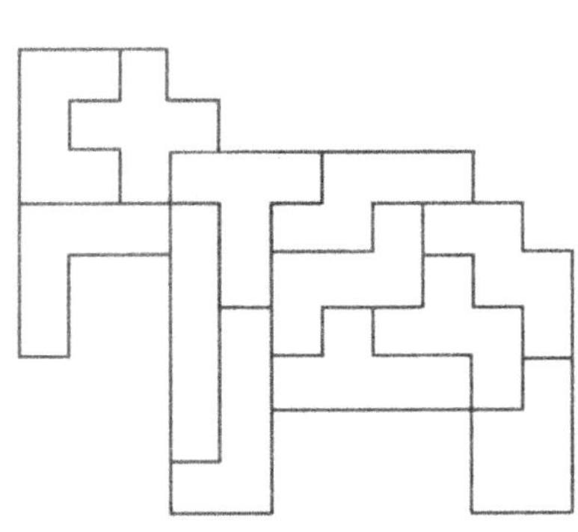

32. Estas son algunas soluciones. Encuentra otras soluciones diferentes.

33. Estas son algunas soluciones. Encuentra otras soluciones diferentes.

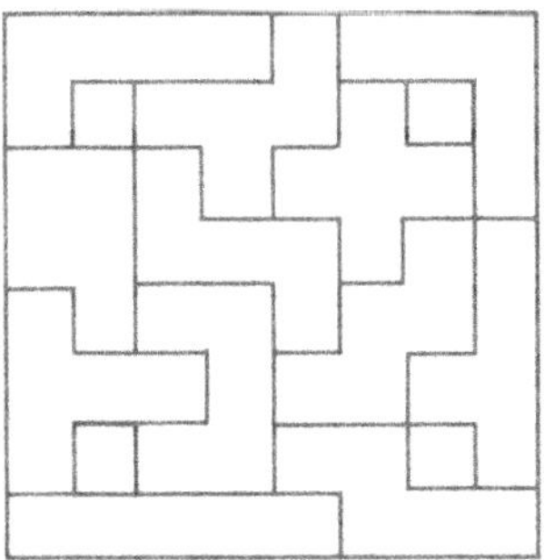 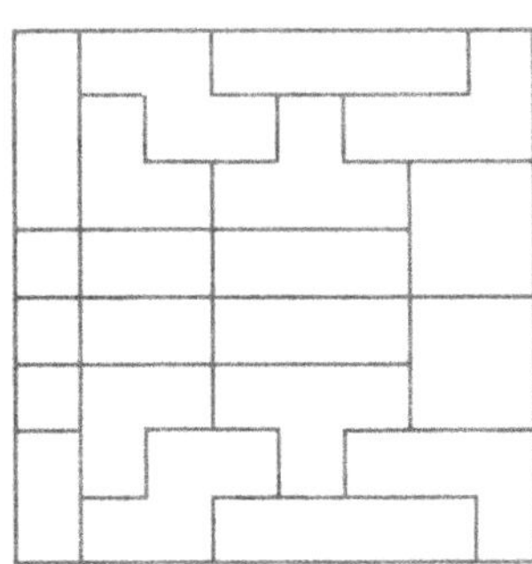

Capítulo 2

Rompecabezas

1. El tangram chino

Este rompecabezas fue inventado por los chinos, hace varios siglos. Está formado por siete piezas: dos triángulos pequeños, dos triángulos grandes, un triángulo mediano, un cuadrado y un romboide. Con estas piezas se pueden construir hermosas y múltiples figuras; pero antes nos vamos a familiarizar, con cada una de esas figuras en particular y la manera como se casan entre sí.

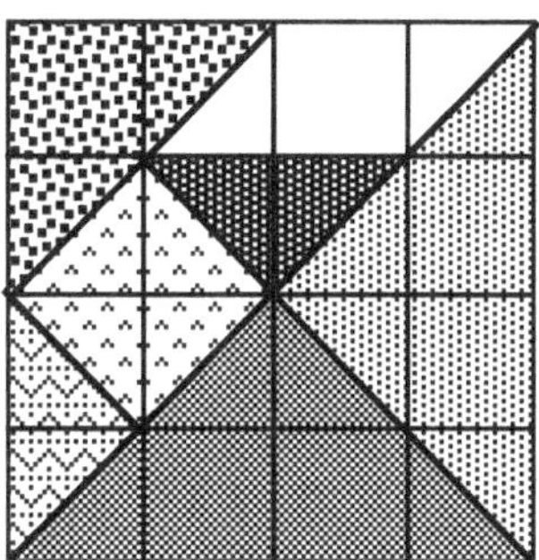

Actividades

1. Con los dos triángulos pequeños, forma un cuadrado, un triángulo y un romboide.

2. Construye el triángulo grande, utilizando los dos triángulos pequeños y el cuadrado.

3. Construye un triángulo, utilizando los dos triángulos pequeños y el romboide.

4. Construye un cuadrado, utilizando los triángulos pequeños, un triángulo grande y el romboide.

5. Construye un cuadrado, utilizando los triángulos grandes.

6. Construye un cuadrado, utilizando dos triángulos pequeños y el triángulo mediano.

7. Construye un cuadrado, utilizando:
    a. Dos triángulos pequeños, un triángulo mediano y un triángulo grande.
    b. Dos triángulos pequeños, un triángulo grande y un cuadrado.
    c. Dos triángulos pequeños, un triángulo grande y el romboide.

8. Construye un rectángulo con los dos triángulos pequeños y el triángulo mediano.

9. Construye un rectángulo con los dos triángulos pequeños y el cuadrado.

10. Construye un rectángulo, utilizando:
    a. Dos triángulos pequeños, el triángulo mediano y el cuadrado.
    b. Dos triángulos pequeños, el triángulo mediano y el romboide.

11. Utilizando las siete piezas del tangram, efectúa combinaciones interesantes como:
    a. Cuadrados y romboides.
    b. Cuadrados, triángulos y romboides.

c. Cuadrados, triángulos, romboides y rectángulos.

d. Inventa otras combinaciones.

12. Construye con las piezas del tangram, las letras del alfabeto.

13. Construye con las piezas del tangram, los diez dígitos.

14. De acuerdo, con los modelos dados, observa y arma las siguientes figuras.

15. Descomponga la siguiente figura, en las siete piezas del tangram.

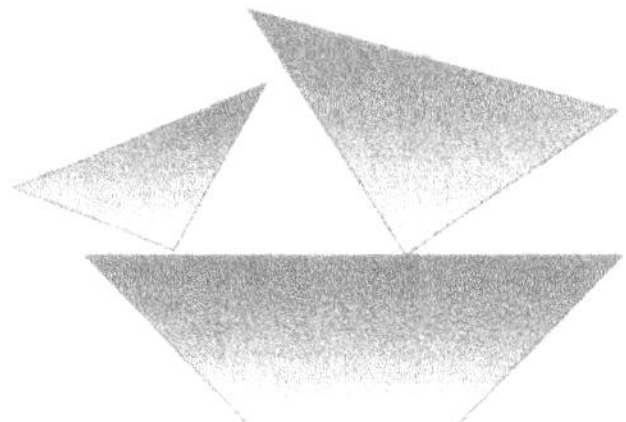

16. Construye un trapecio, utilizando:

    a. Dos triángulos pequeños y el cuadrado.

    b. Dos triángulos pequeños, el cuadrado y el romboide.

17. Observa los cinco triángulos del tangram, clasifícalos según la medida de sus lados en equiláteros, escalenos o isósceles.

18. Clasifica los triángulos que conforman el tangram, según la medida de sus ángulos en acutángulos, rectángulos u obtusángulos.

19. Halla el perímetro de las figuras que forman el tangram.

20. Cuáles de las figuras del tangram tienen menor, mayor o igual perímetro. Dibújalas.

21. Halla el área de las figuras del tangram.

22. Cuáles de las figuras del tangram tienen menor, mayor o igual área. Dibújalas.

23. Toma uno de los triángulos pequeños como unidad de medida y encuentra el área de las demás fichas.

24. Existen muchas figuras, para armar con las siete piezas del tangram. Aquí te mostramos algunas:

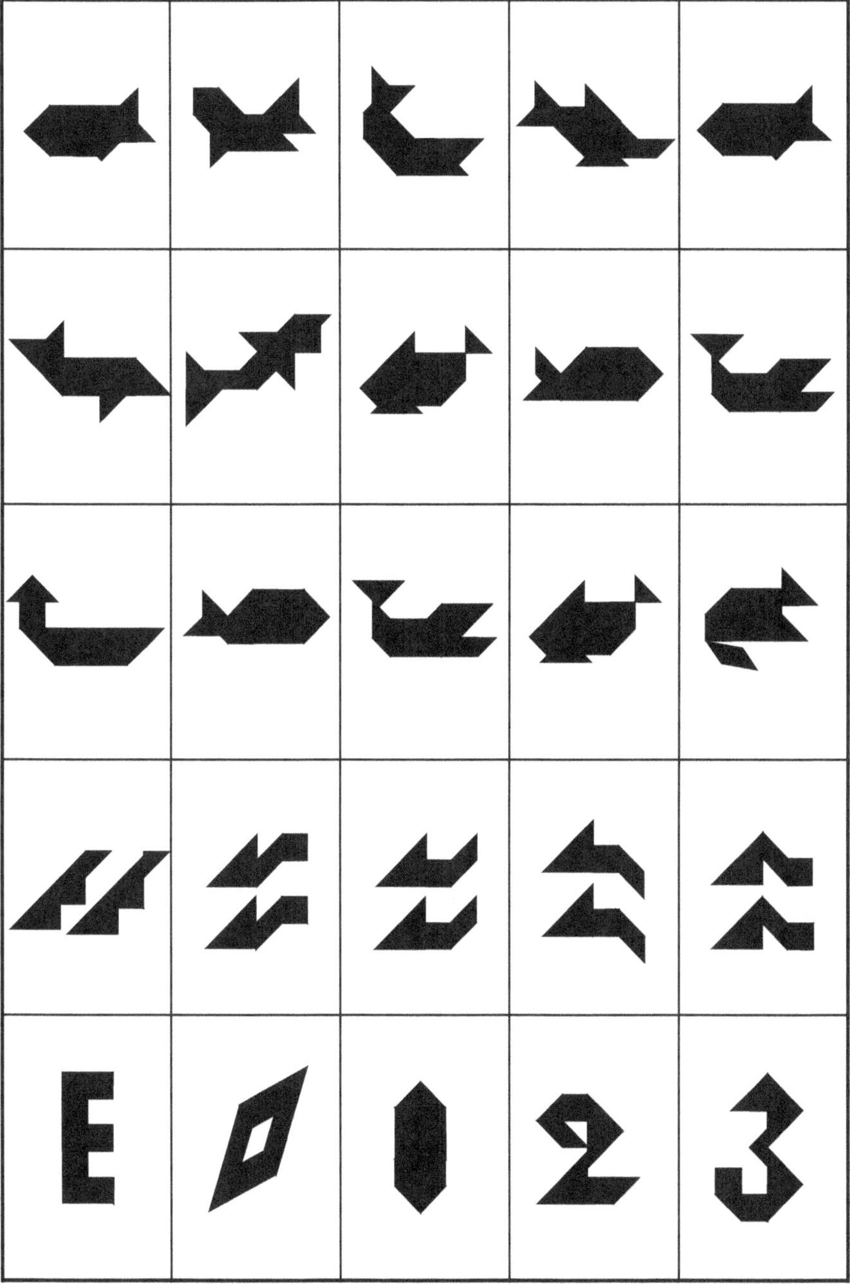

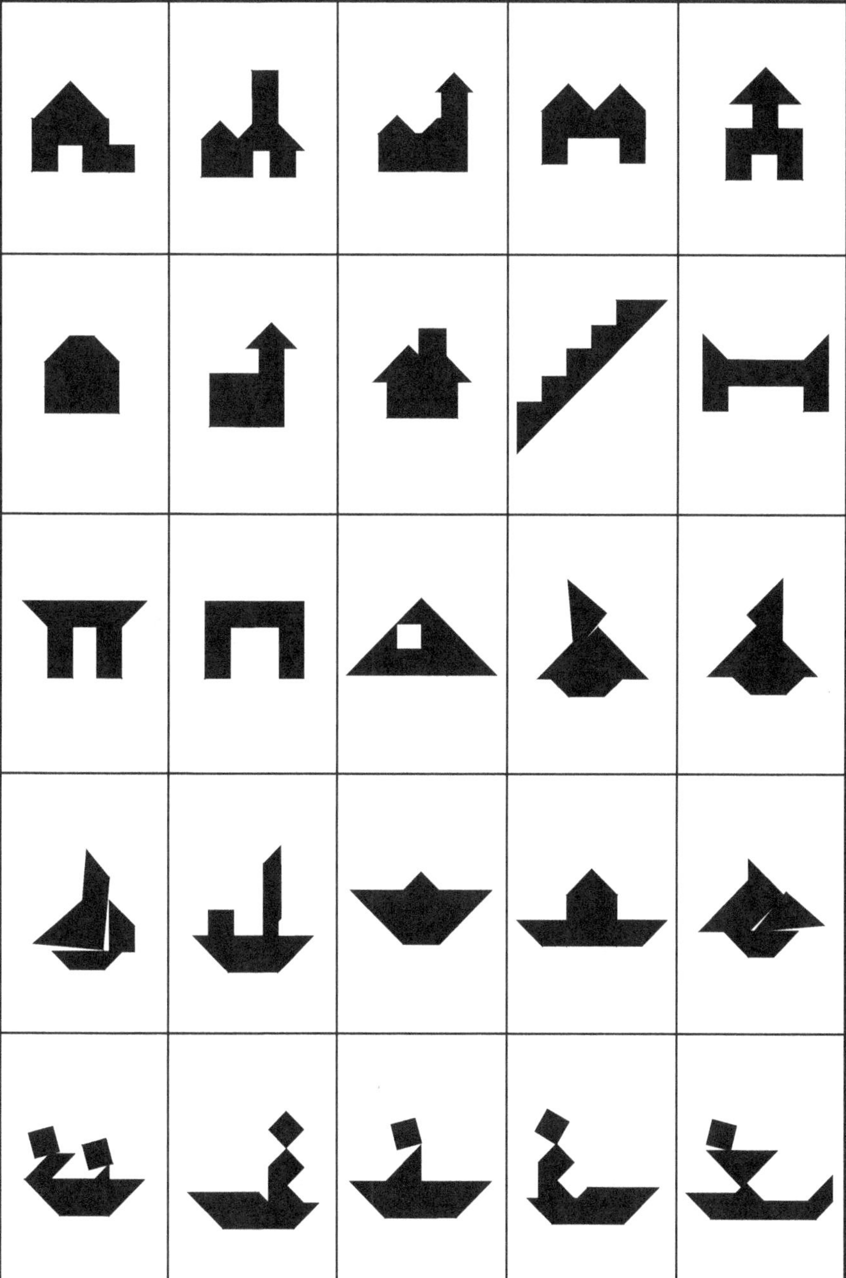

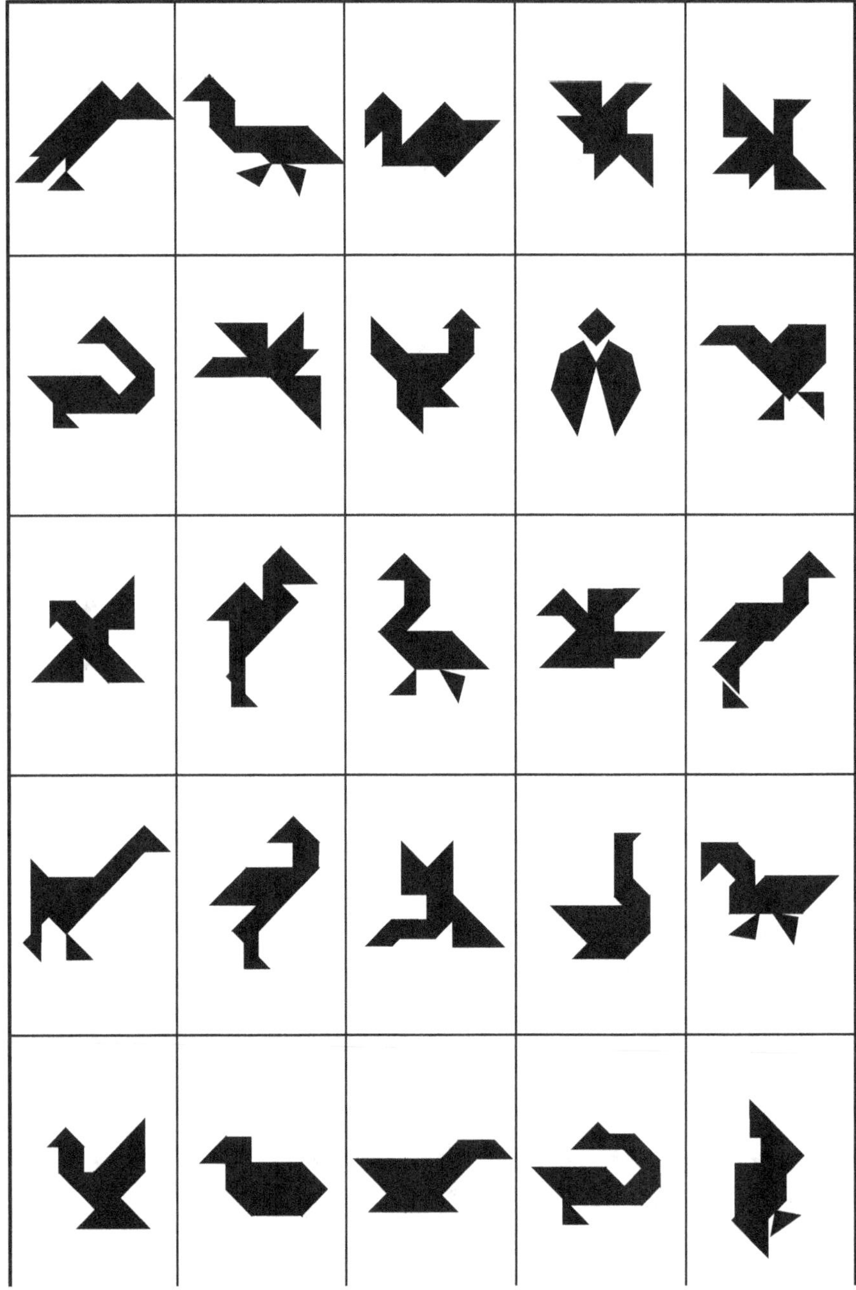

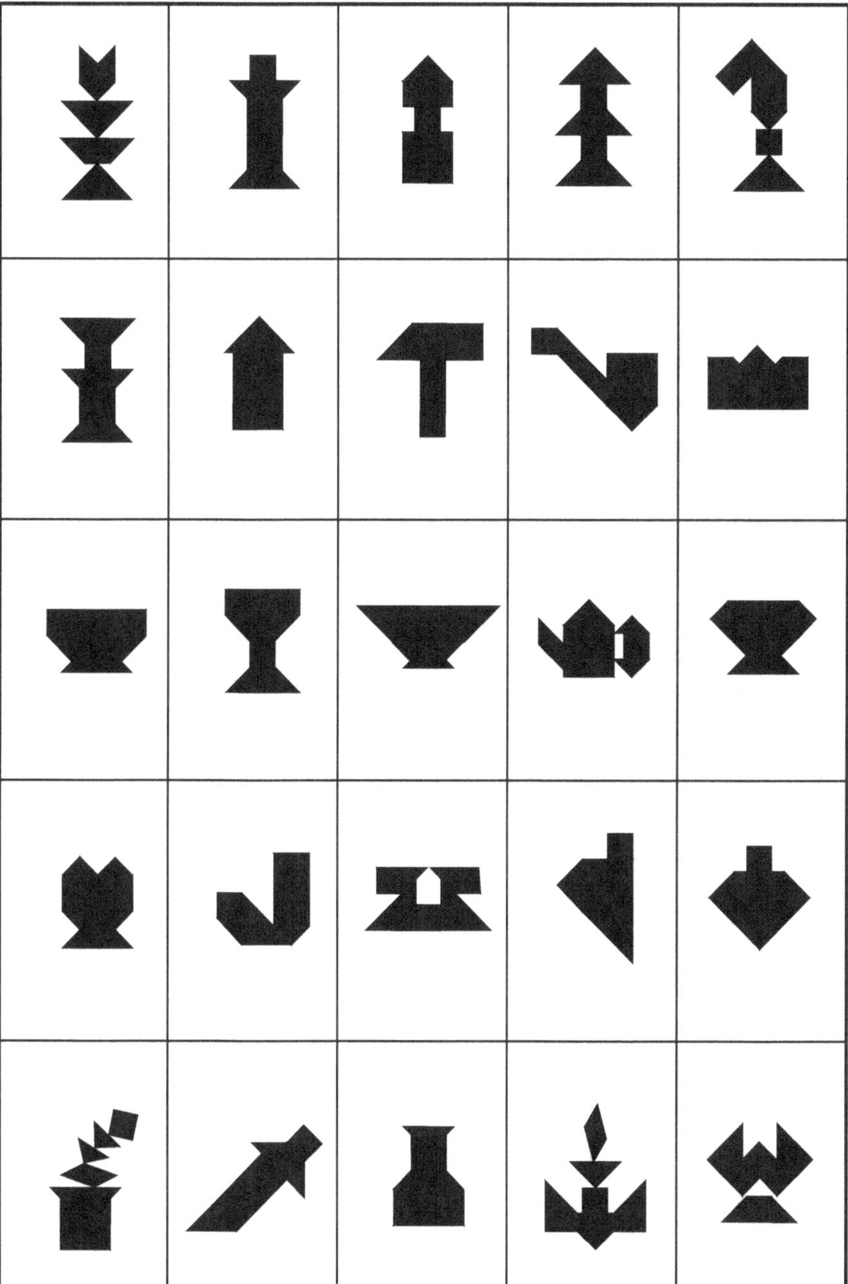

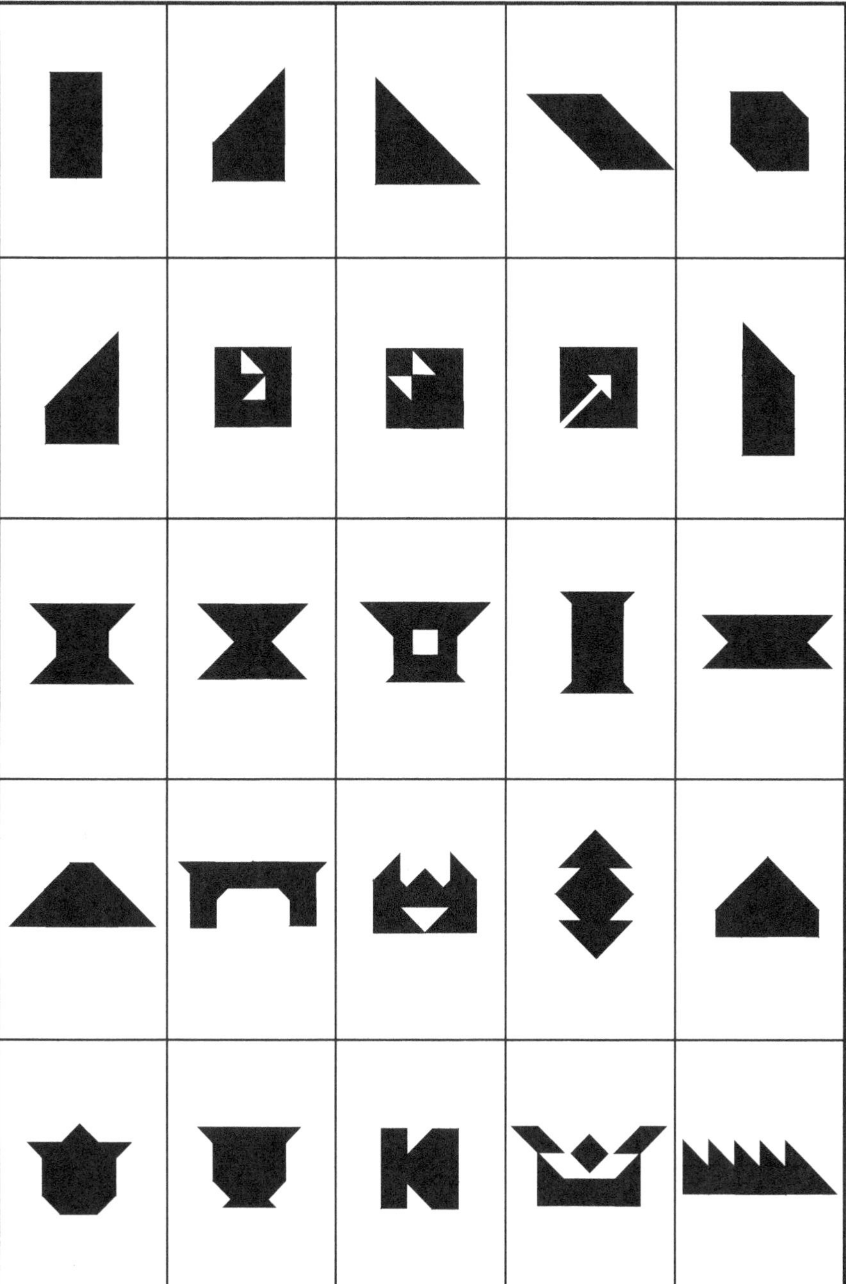

Soluciones

1.

2.

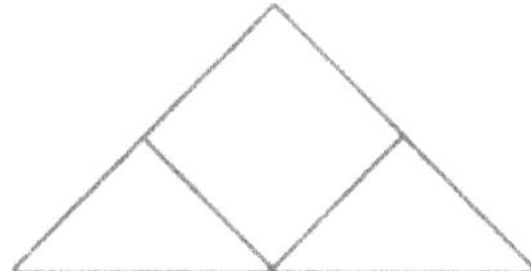

3.

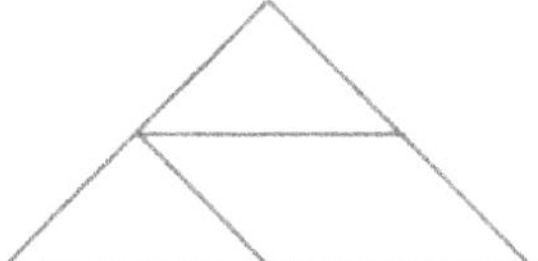

4.

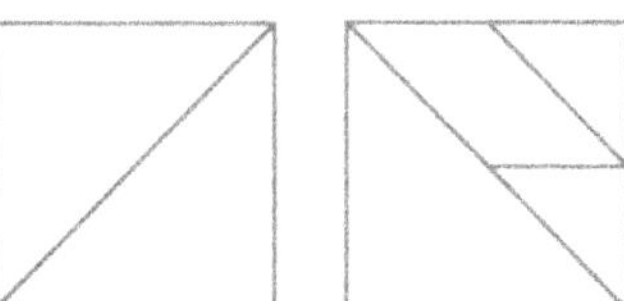

5.

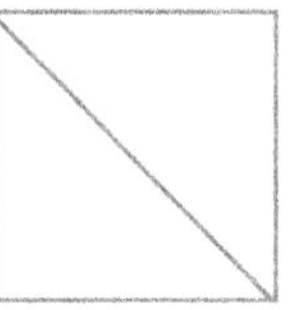

6.

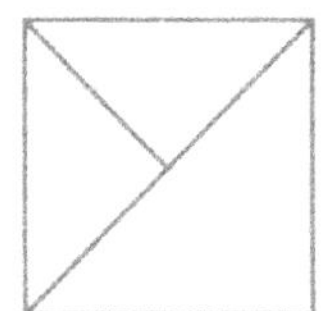

7. a) b) c)

 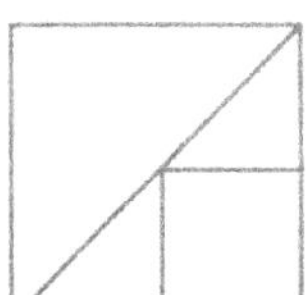 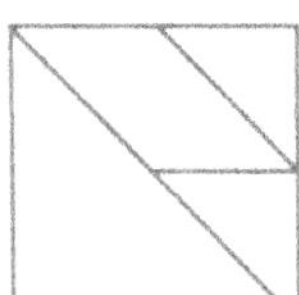

8.

9.

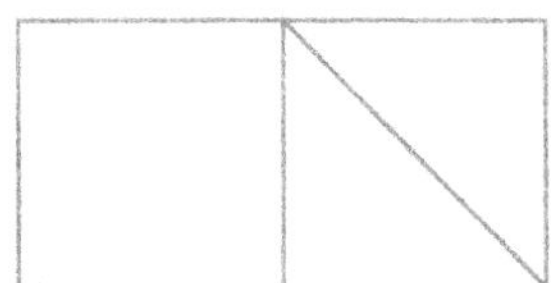

10. a. b.

15. Cuando nos presentan, este tipo de figuras sombreadas, debemos examinarlas cuidadosamente y comenzar a sacar nuestras propias conclusiones. Veamos:

   - La vela de la izquierda es simplemente un triángulo, pero no sabemos si está formado por una sola pieza o por la combinación de piezas más pequeñas. La vela de la derecha tiene también forma triangular, pero tampoco sabemos, si está formada por una sola pieza o por la combinación de piezas más pequeñas.

   - El casco es un largo rectángulo, pero sus ángulos no son rectos.

Tratemos de construir el casco

a. Construye un rectángulo largo.

b. Observa si es posible modificarlo para que los ángulos sean iguales a la sección del casco del barco.

   La clave está en utilizar un cuadrado, en lugar del triángulo mediano.

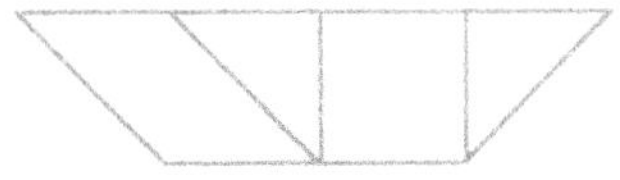

Coloca un triángulo pequeño a ambos lados del cuadrado, para obtener la forma básica del casco del barco. Añade luego el romboide a uno de los lados, con objeto de alargarlo.

16.   a.

        b.

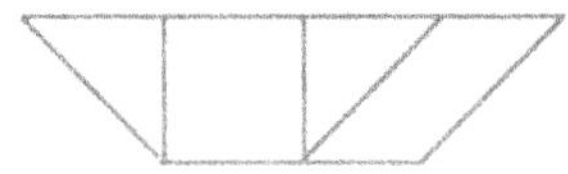

24.

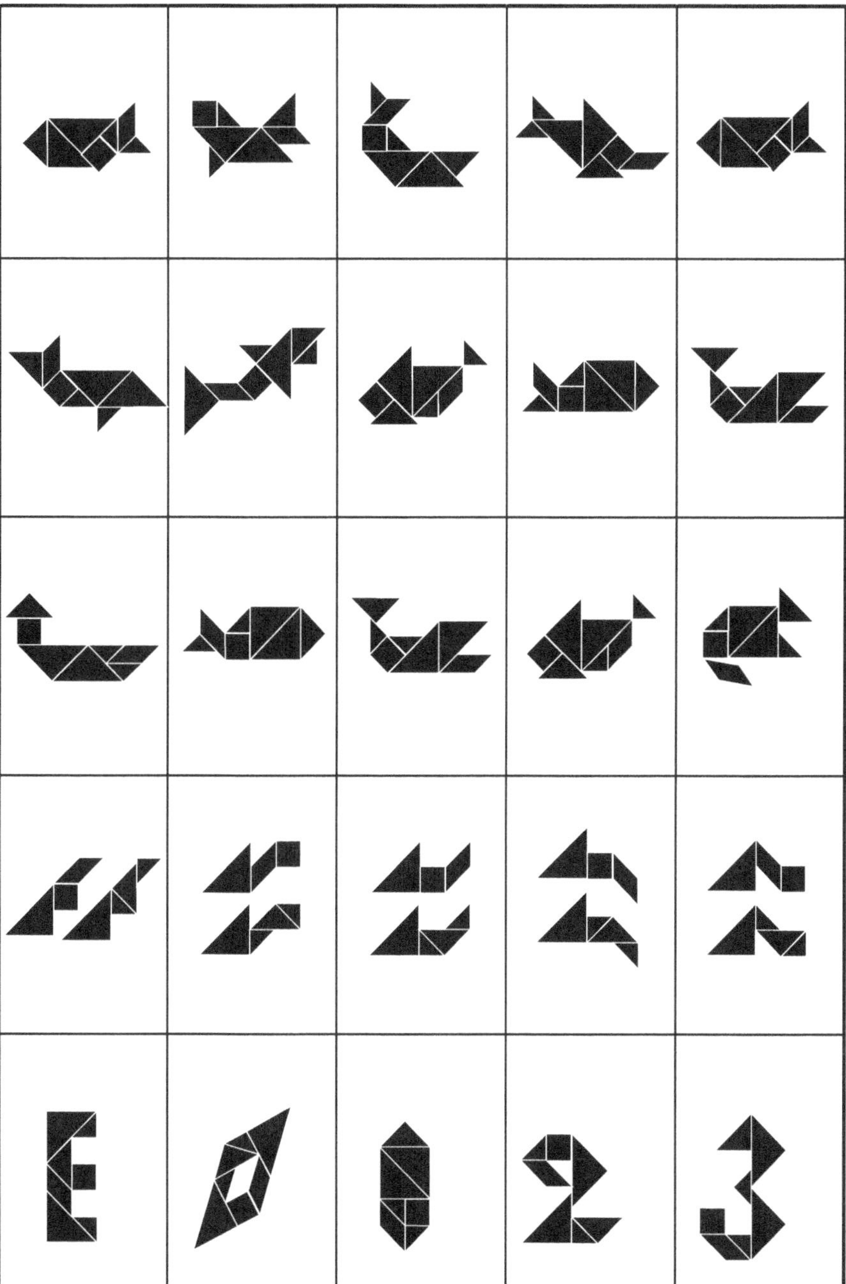

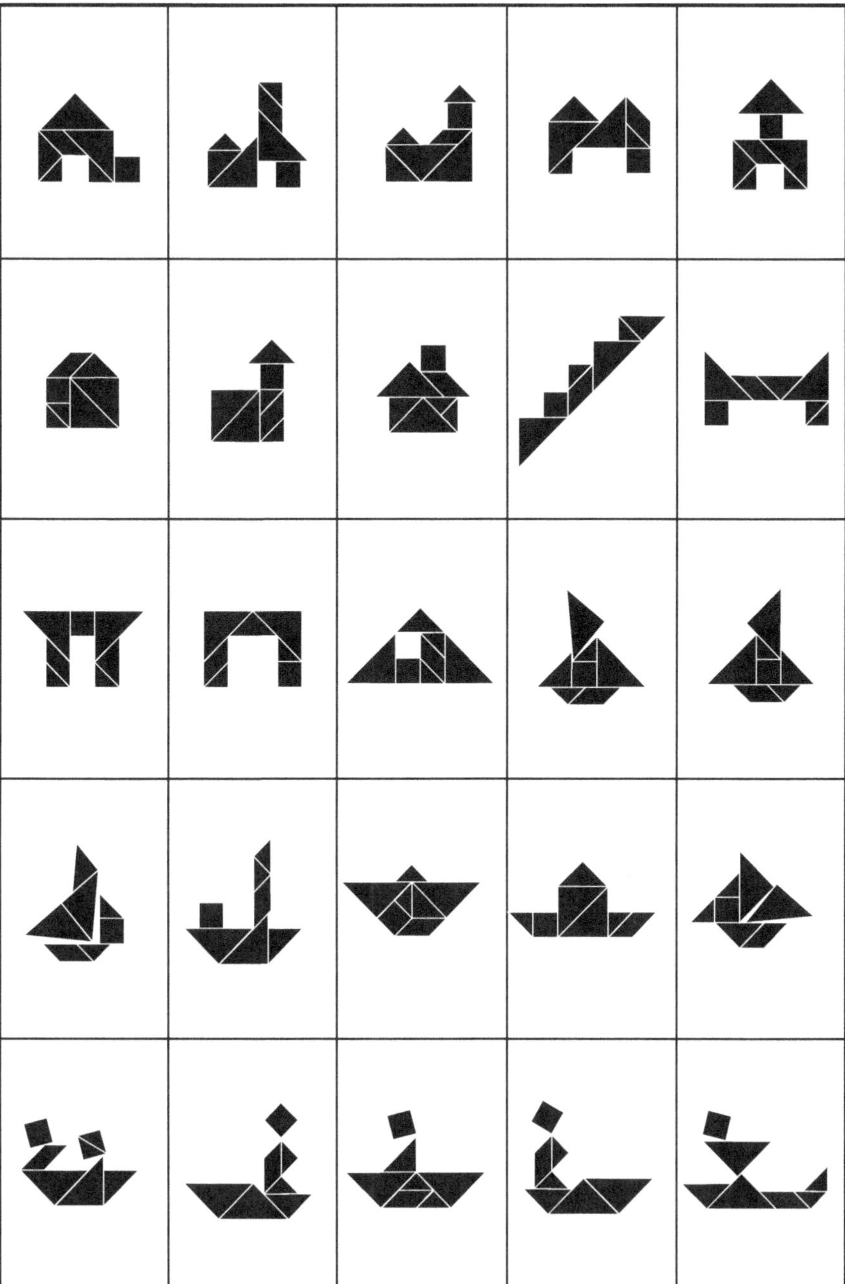

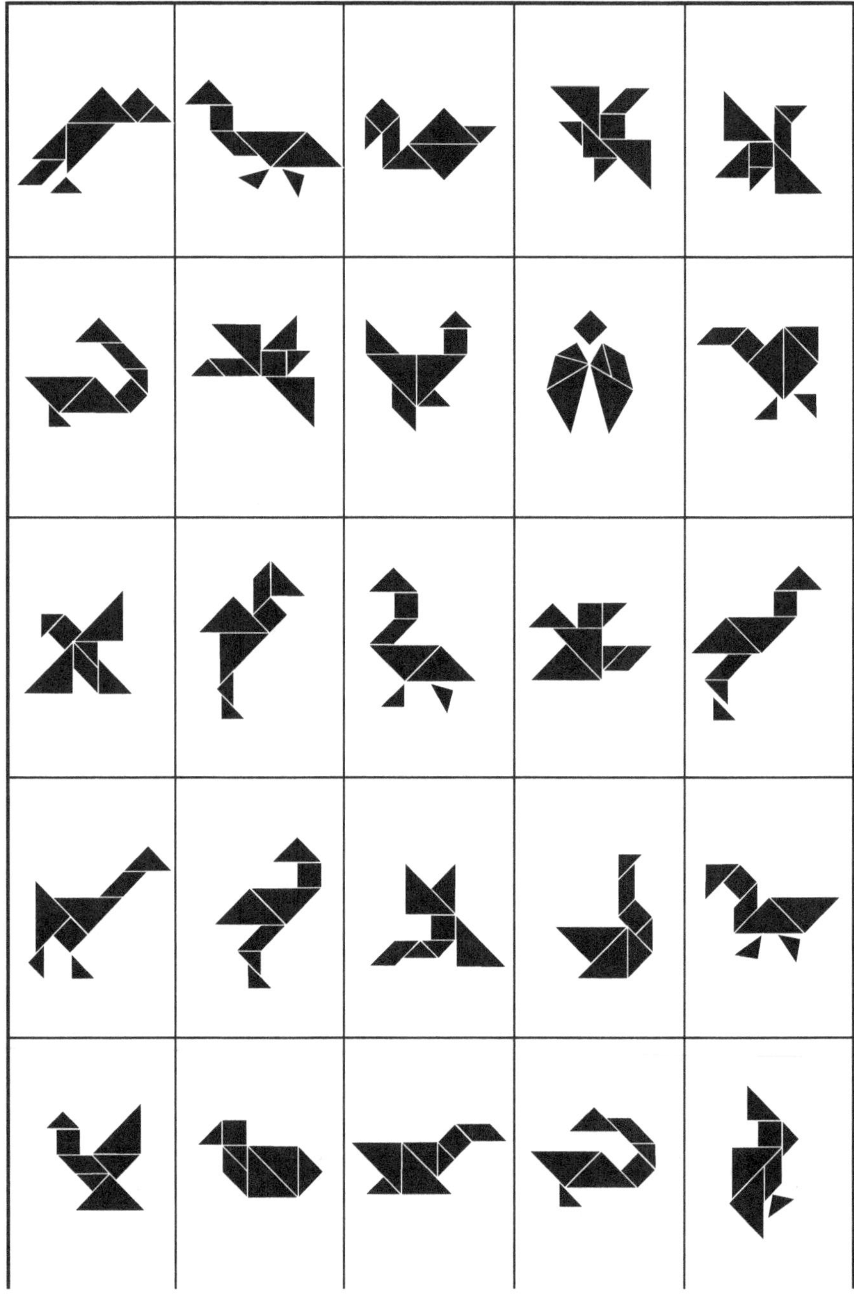

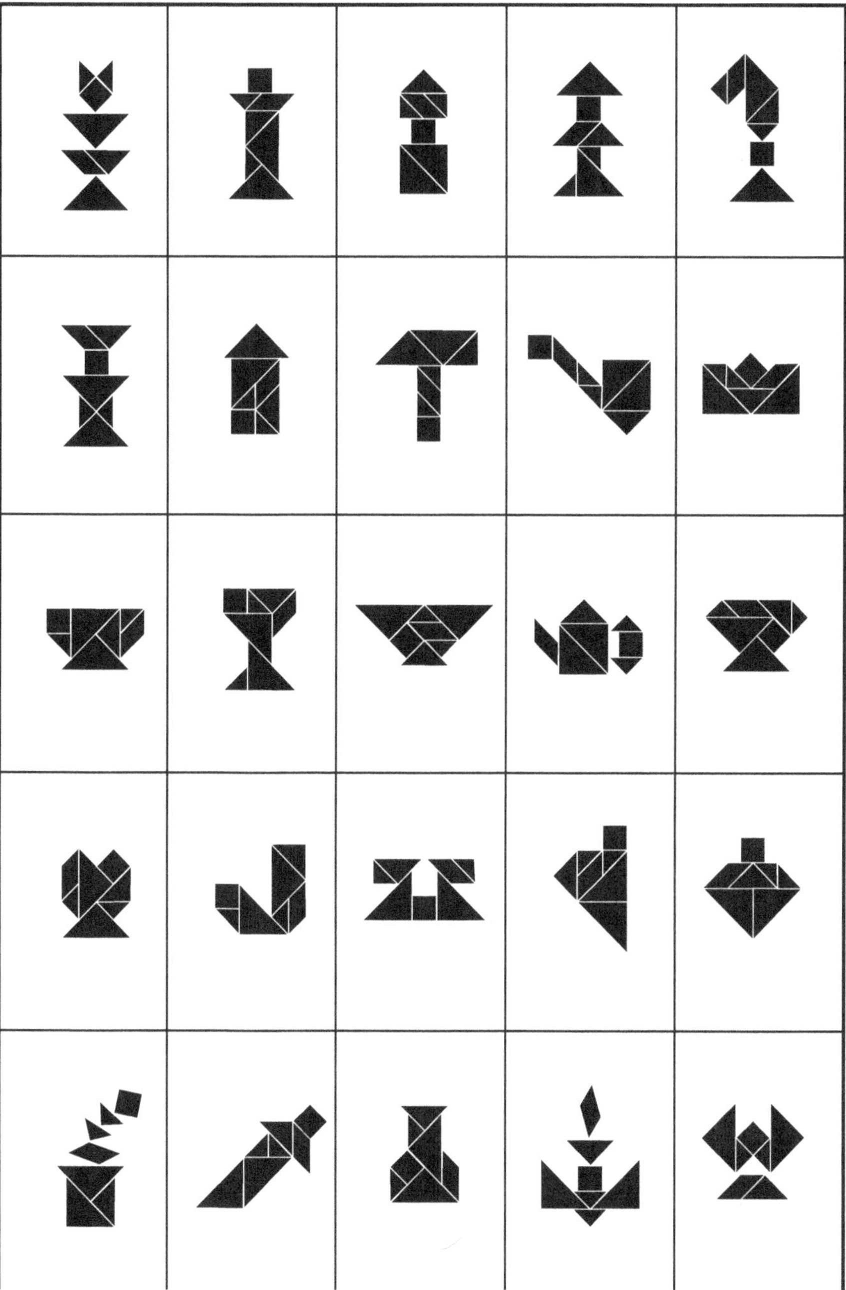

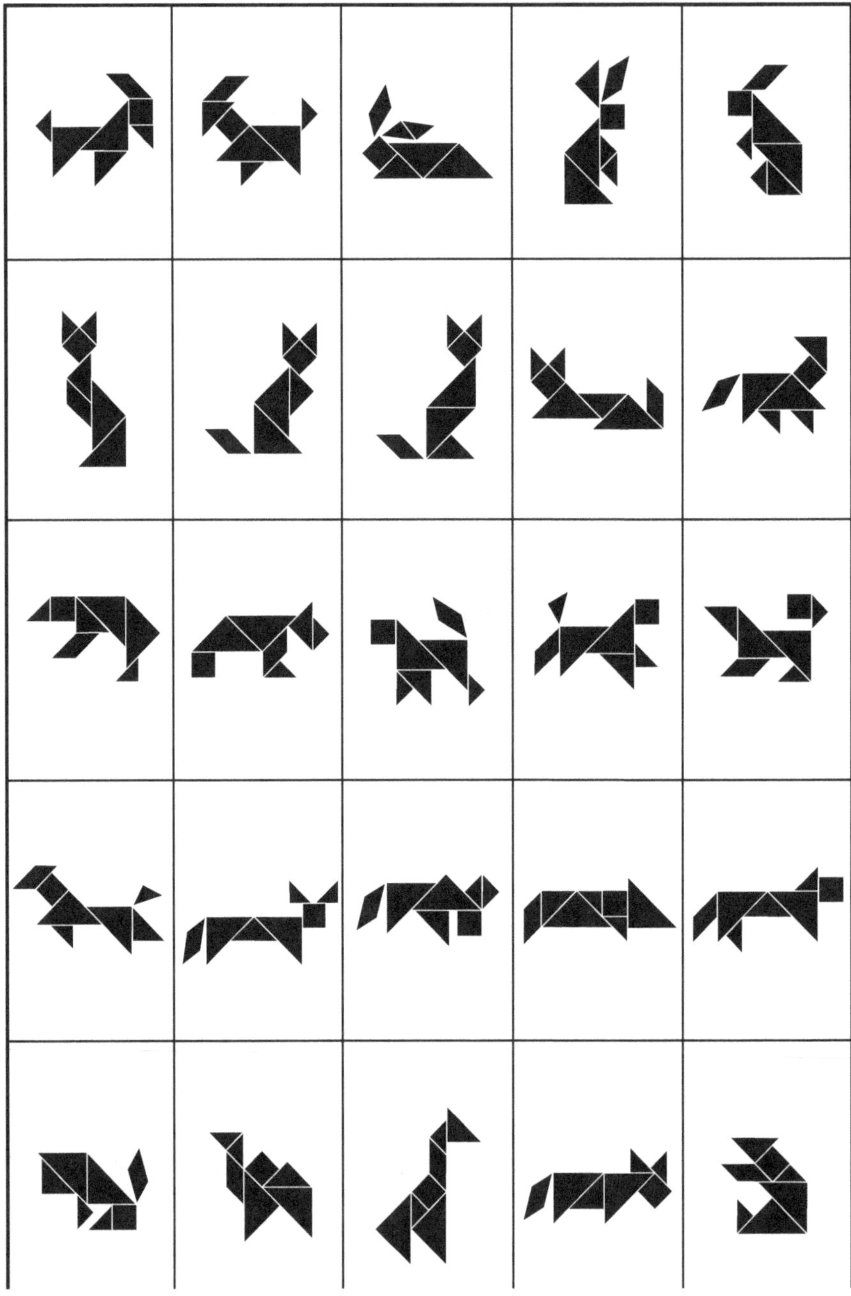

2. El huevo mágico

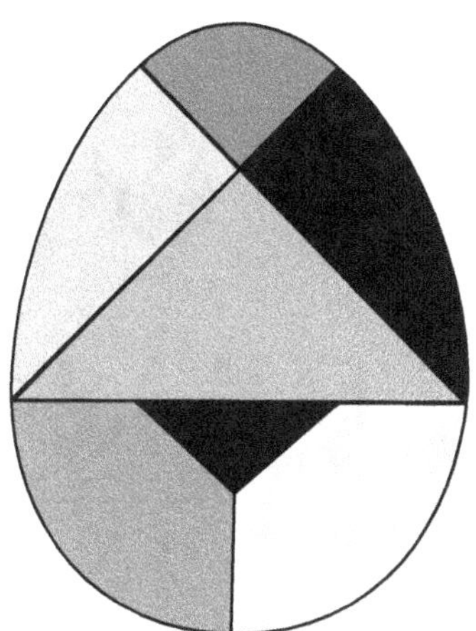

- Construye el modelo del huevo mágico en cartón madera u otro material.

- Corta las piezas y coloréalas.

- Construye los siguientes pájaros:

También puedes construir:

- flores

- lámparas

- muñecos

- robots

Existen muchas figuras para armar. Aqui te mostramos algunas:

3. Tangram de cuatro piezas

- Construye el cuadrado con sus piezas correspondientes, en cartón, madera u otro material.

- Corta las piezas y coloréalas.

- Construye las siguientes figuras:

Inventa otras figuras. Dibújalas.

4. Tangram circular

Se compone de siete piezas, recortadas en los dos círculos.

*   Construye el modelo en cartón, madera u otro material.

*   Corta las piezas y coloréalas.

*   Construye las siguientes figuras:

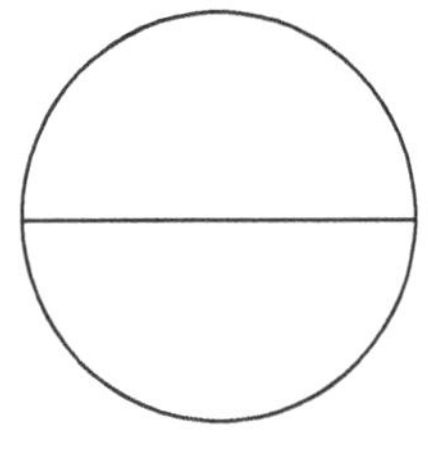
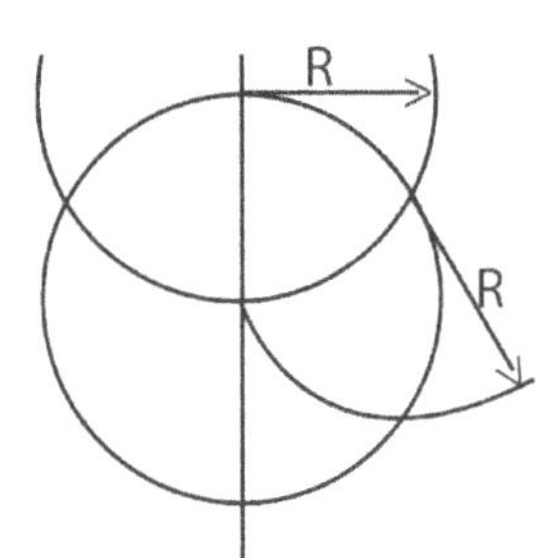
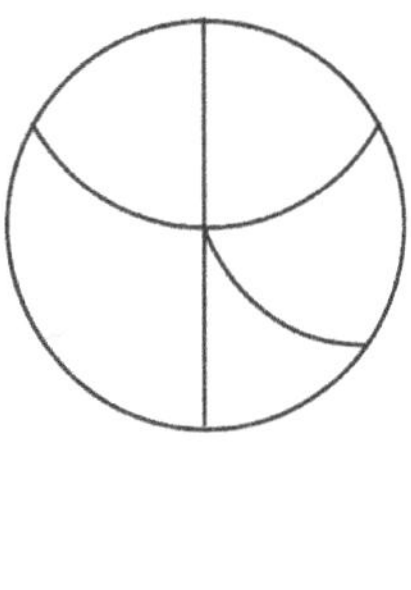

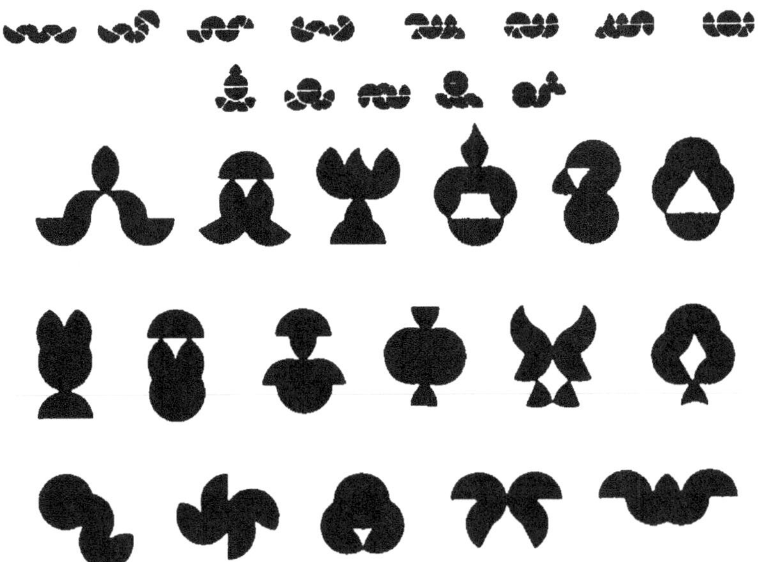

Inventa otras figuras. Dibújalas.

5. Construye tus propios rompecabezas

Juego 1

Objetivo

• Recomponer una imagen dividida en fragmentos.

Numero de jugadores

• Uno o varios.

Material

• Un periódico o revista, tijeras, regla y lápiz.

Reglas del juego

• Elegir la fotografía en un periódico o revista.
• Dale la vuelta a la foto y divídela mediante líneas rectas en ocho tiras verticales, aproximadamente iguales.
• Numera esas tiras de 1 a 8, de izquierda a derecha y córtalas.
• Barájalas y dales la vuelta, poniéndolas boca arriba.
• Reconstruye la imagen original, colocando cada tira en su lugar.

Los números tienen tres fines;
• Si te pierdes, te bastará con mirar el número en el dorso de la tira.
• Si completas el rompecabezas, pero no estás seguro de haberlo hecho correctamente, compruébalo mediante los números.

Juego 2

Objetivo

• Reconstruir un cuadrado.

Numero de jugadores

• Uno o varios.

Material

• Papel, lápiz, tijeras.

Reglas del juego

• Divide un cuadrado de papel de 15 cm o más en seis piezas.

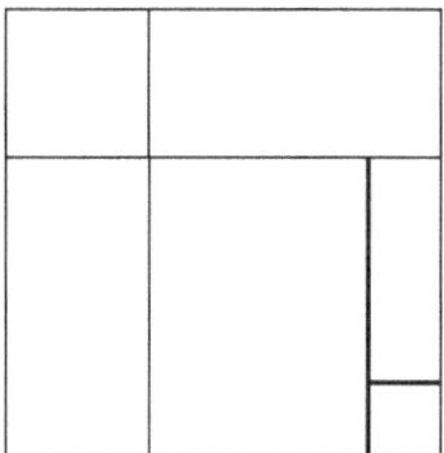

• Recorta las seis piezas y barájalas.
• Reconstruye el cuadrado original.

Estas son algunas ideas para elaborar tus propios rompecabezas, puedes utilizar el cuerpo humano, distintas partes del cuerpo humano, mapas, distintas figuras geométricas u otras figuras que te llamen la atención.

Capítulo 3

Policubos

Los policubos

Los policubos son cuerpos geométricos, formados por cubos iguales, encajados por medio de sus caras. Entre los policubos encontramos el cubo soma.

El cubo soma

El cubo soma fue ideado por Piet Hein, escritor danés, quién alcanzó a vislumbrar el siguiente teorema geométrico:

Si se toman todas las figuras geométricas irregulares que puedan formarse combinando no mas de cuatro cubos, todos del mismo tamaño y unidos por sus caras, estas formas pueden acomodarse juntas para formar un cubo más grande.

Las siete piezas que contienen 27 pequeños cubos, forman un cubo de 3 x 3 x 3.

Para hacer un cubo soma, sólo tienes que conseguir una provisión de cubos para niños, las siete piezas básicas se construyen fácilmente poniendo un poco de cemento plástico en las caras indicadas, dejando que se sequen y después pegándolas. Realmente, el juego es una especie de versión tridimensional de los poliminós.

Las actividades con el cubo soma, permiten el desarrollo del pensamiento espacial. El número de figuras que se pueden construir con las siete piezas soma, parece ser tan ilimitado como el número de figuras planas que se pueden hacer con las siete piezas del tangram.

Actividades

1. Construye las siete piezas soma

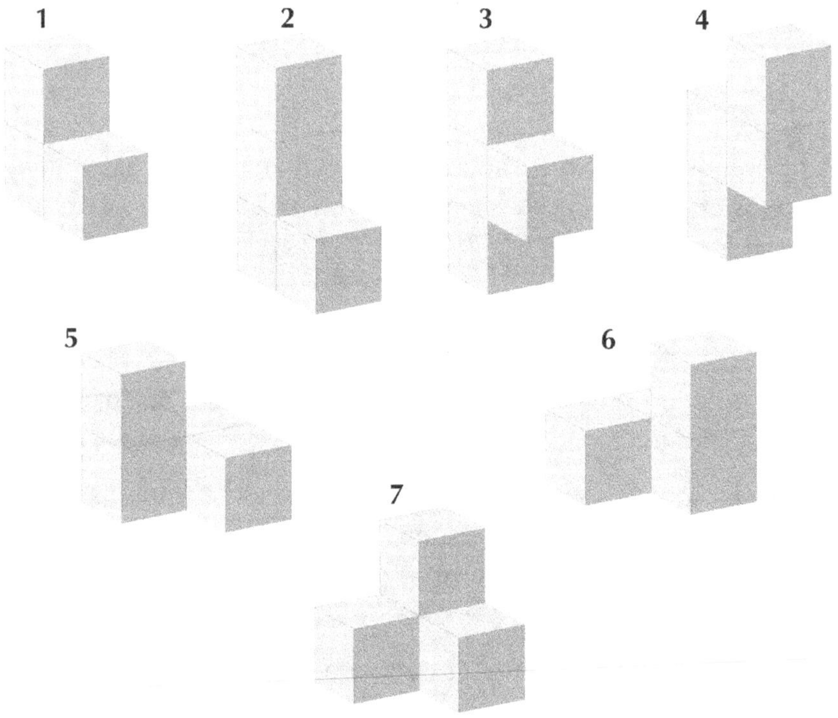

2. Utilizando las siete piezas soma, construye el cubo soma. Existen muchas soluciones.

3. Construye las siguientes figuras, con las siete piezas soma.

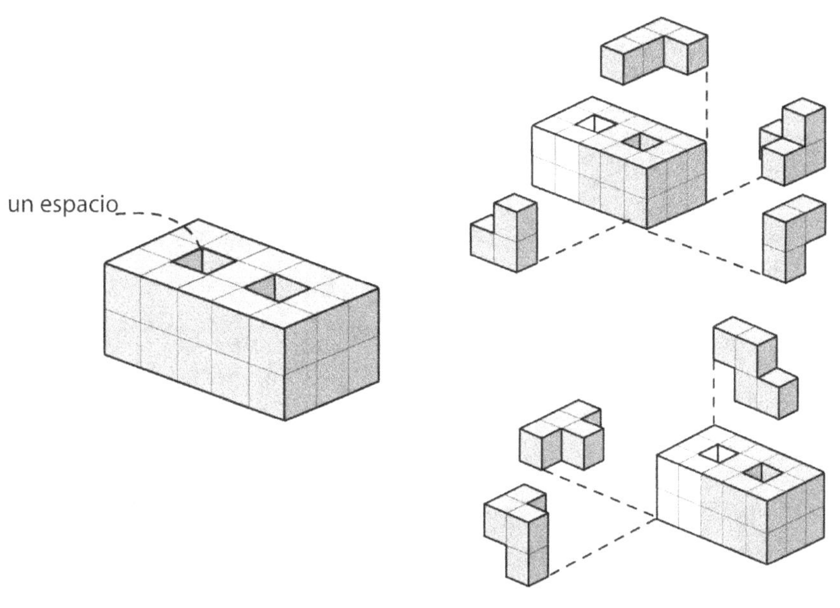

un espacio

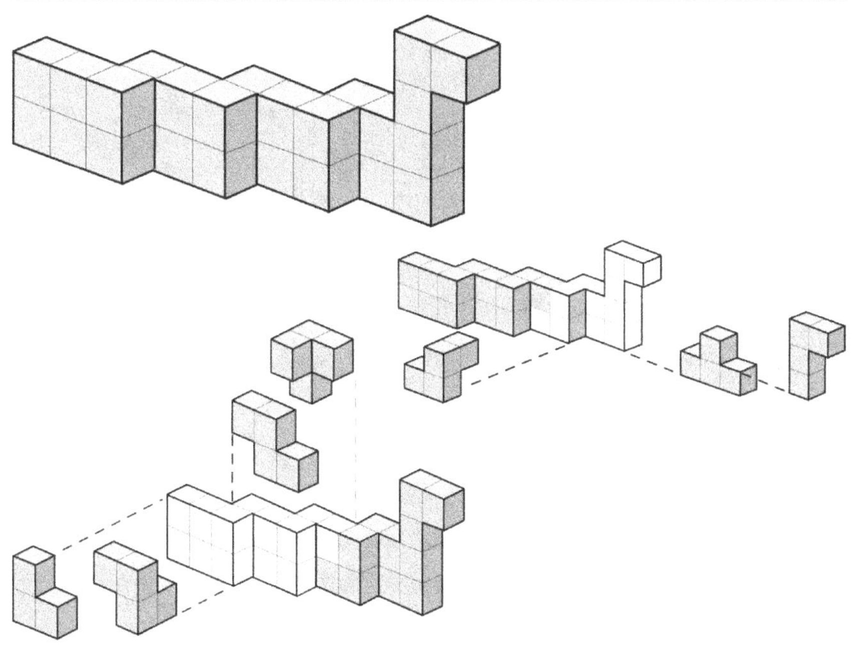

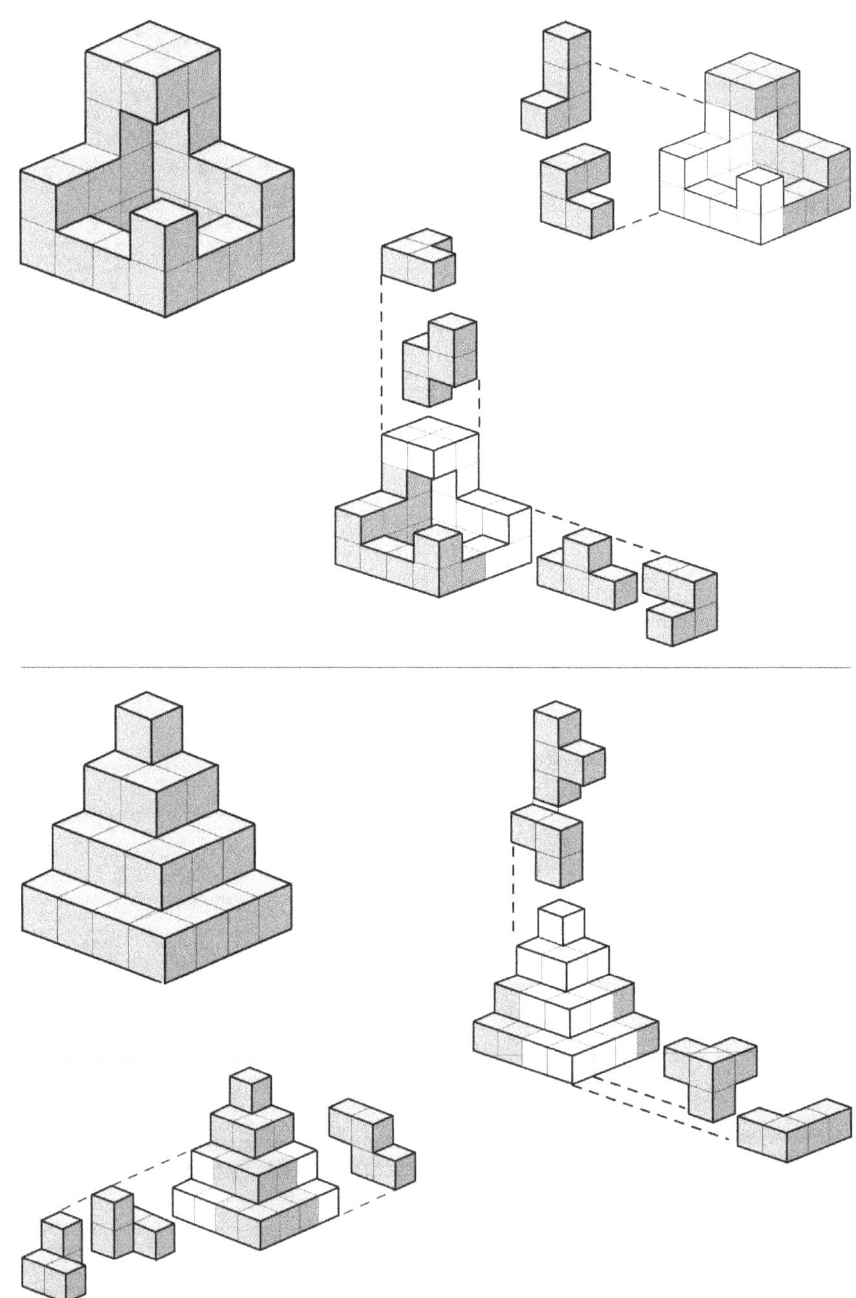

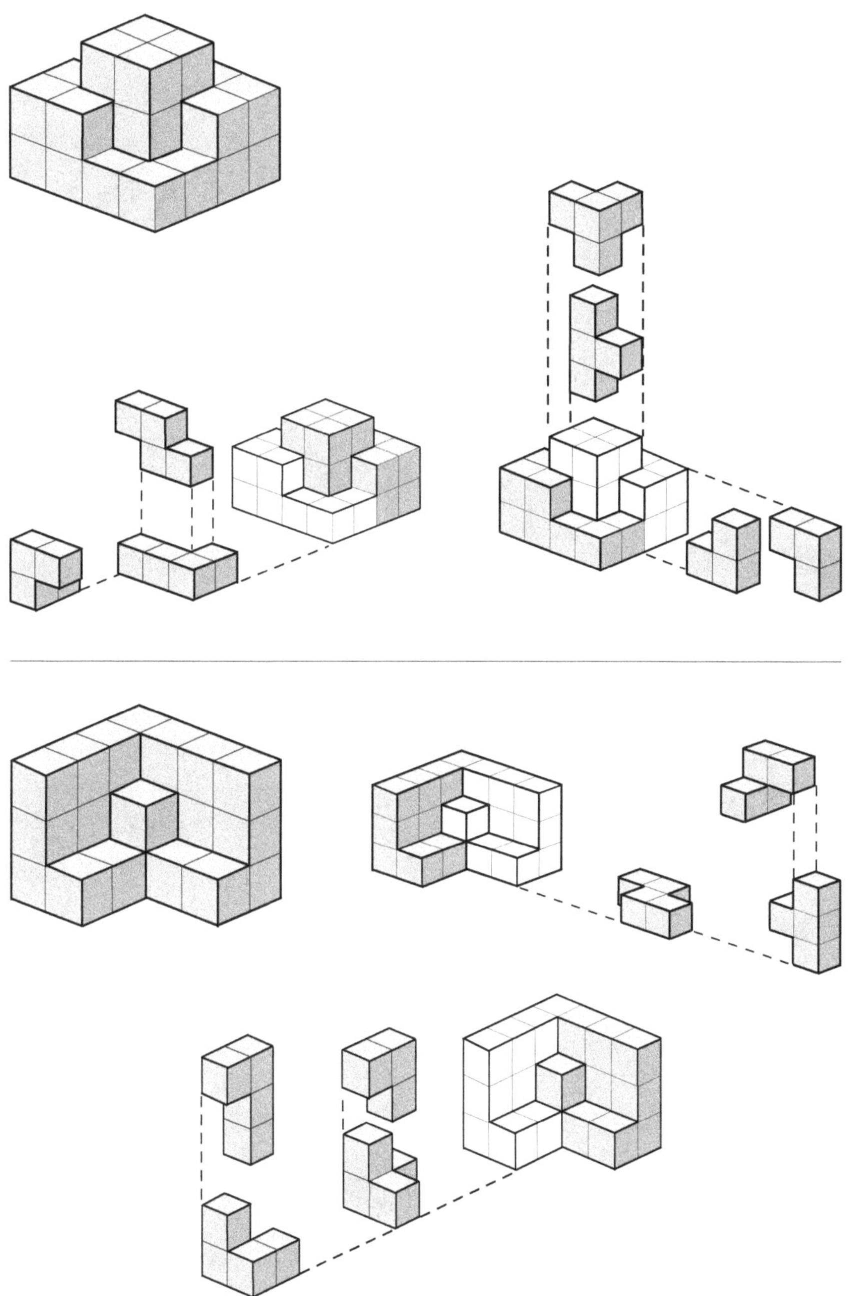

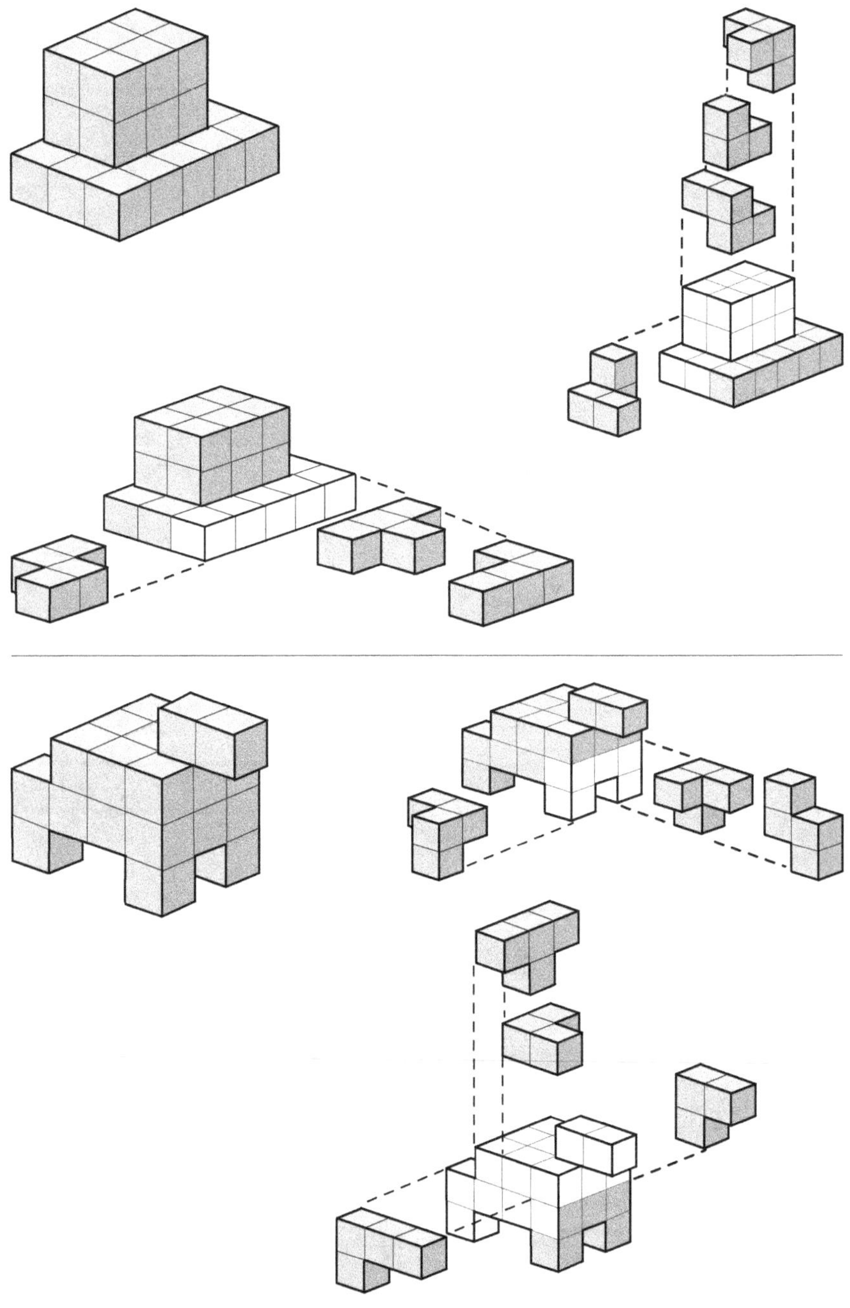

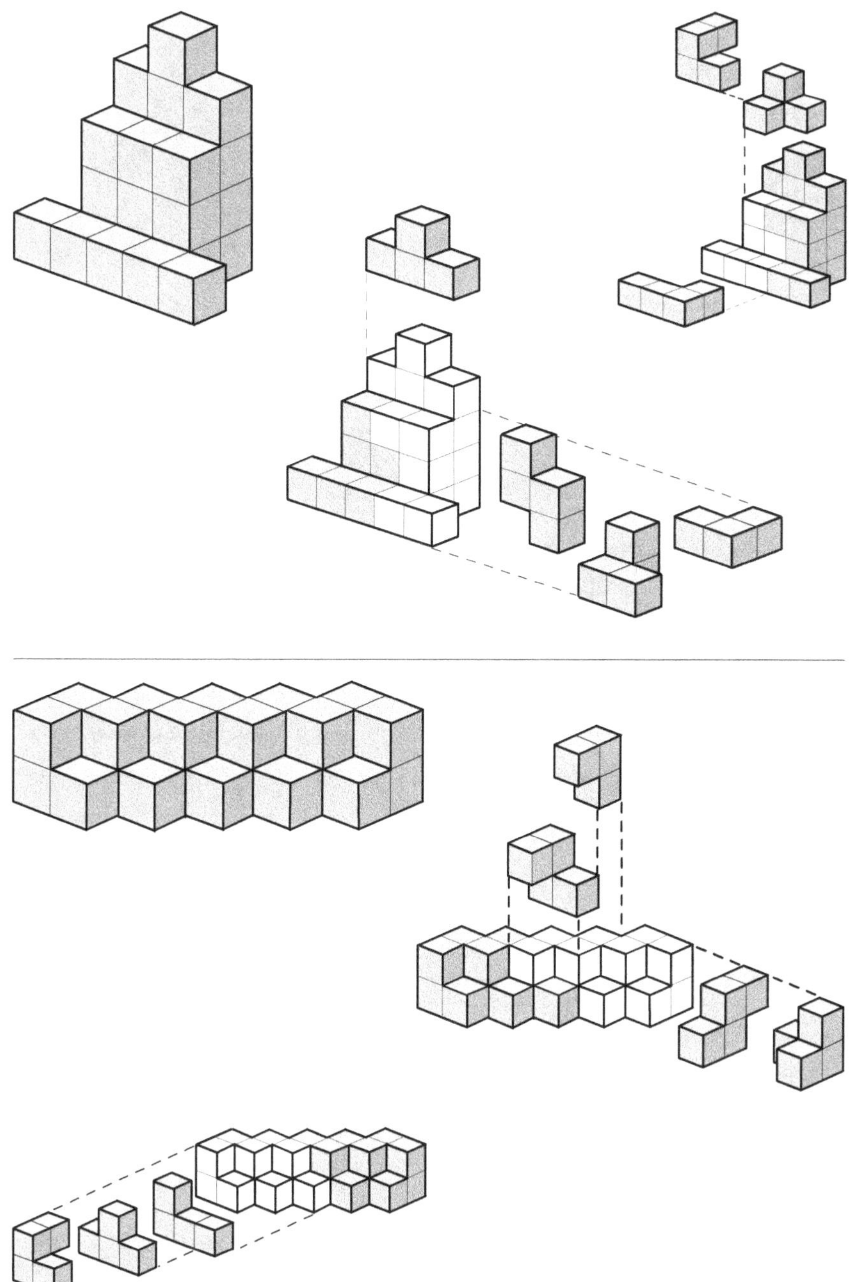

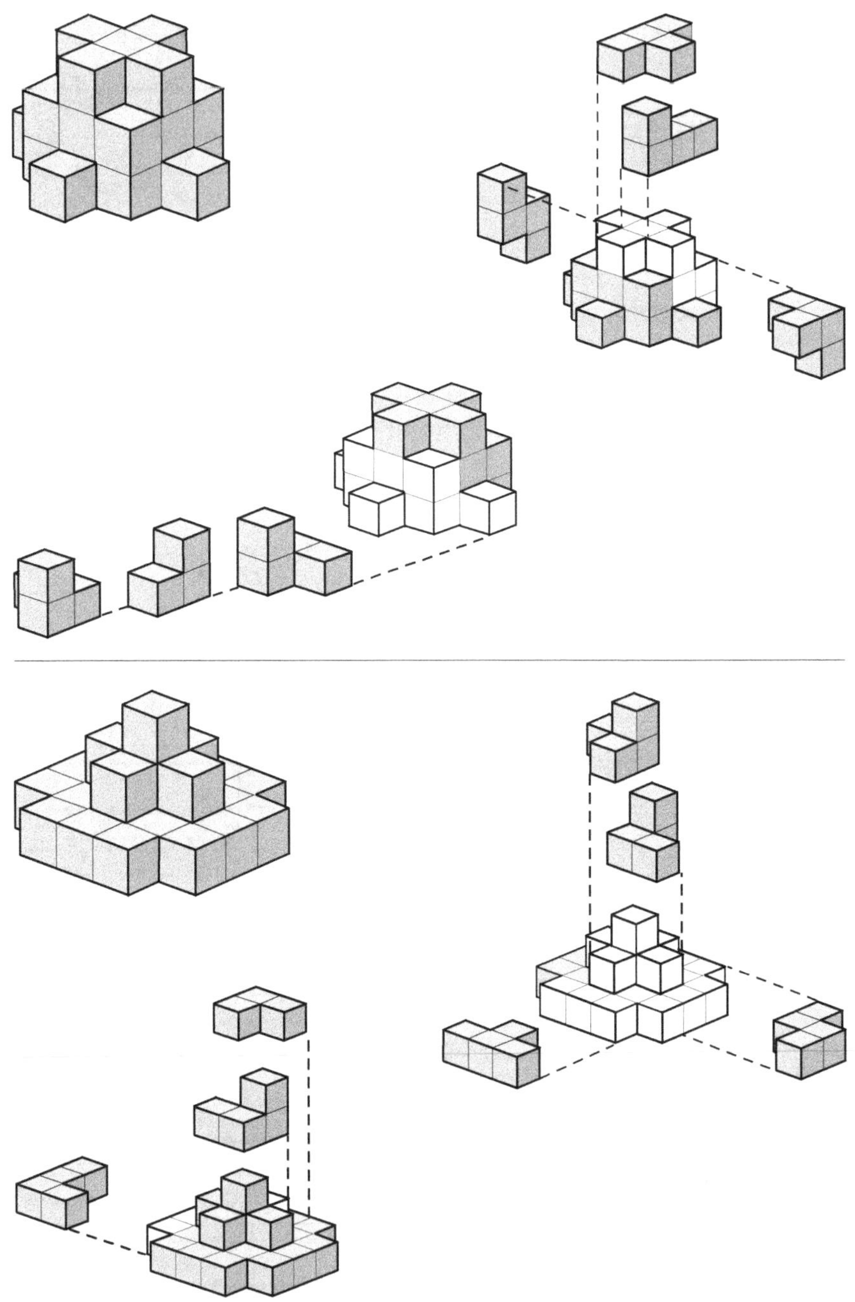

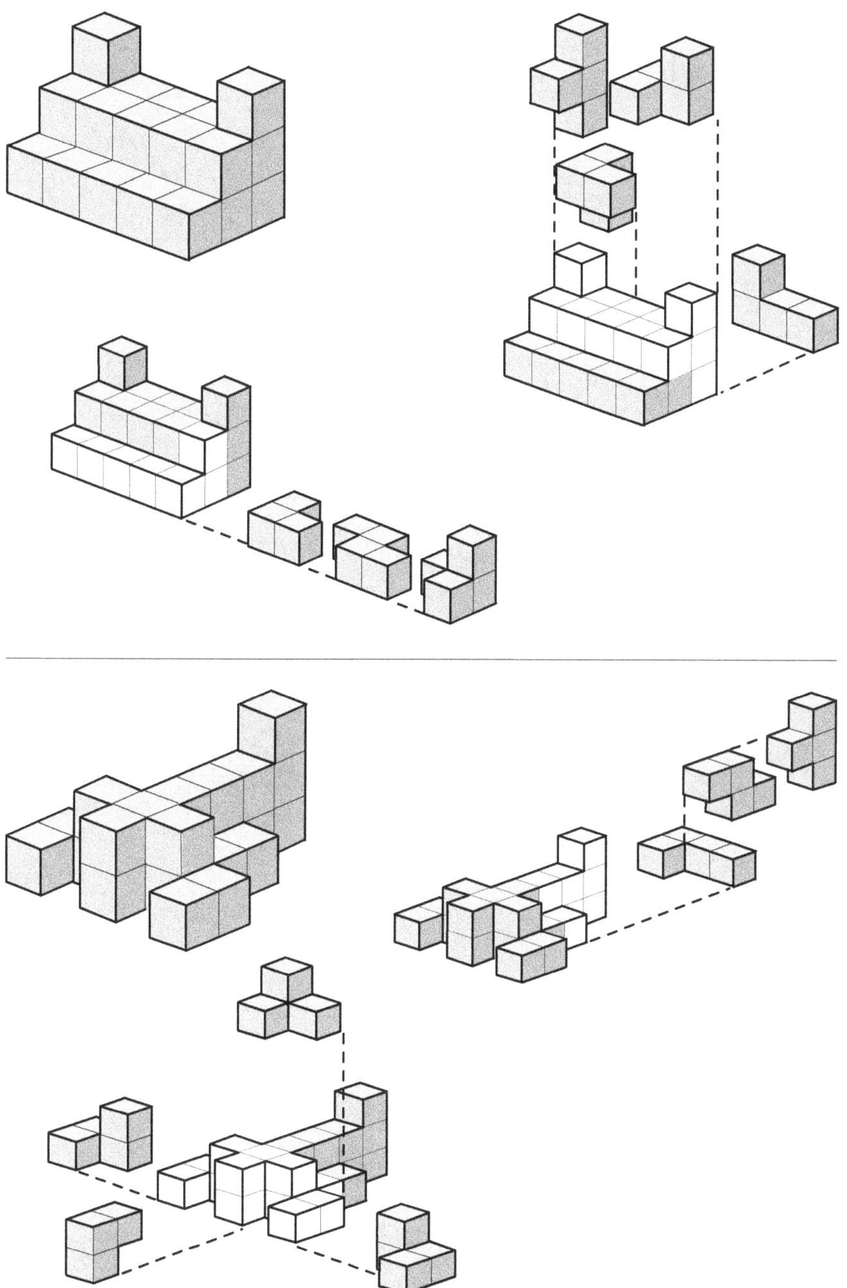

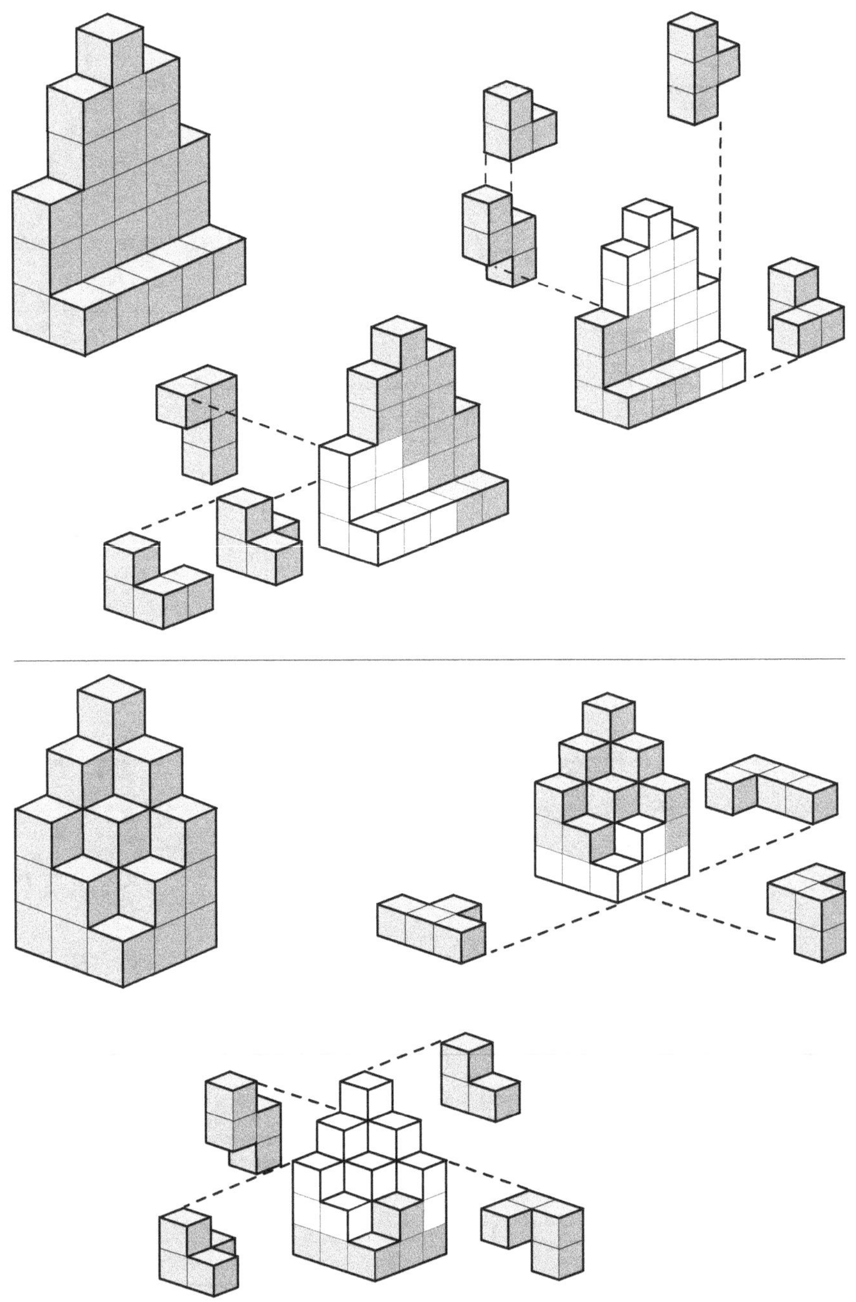

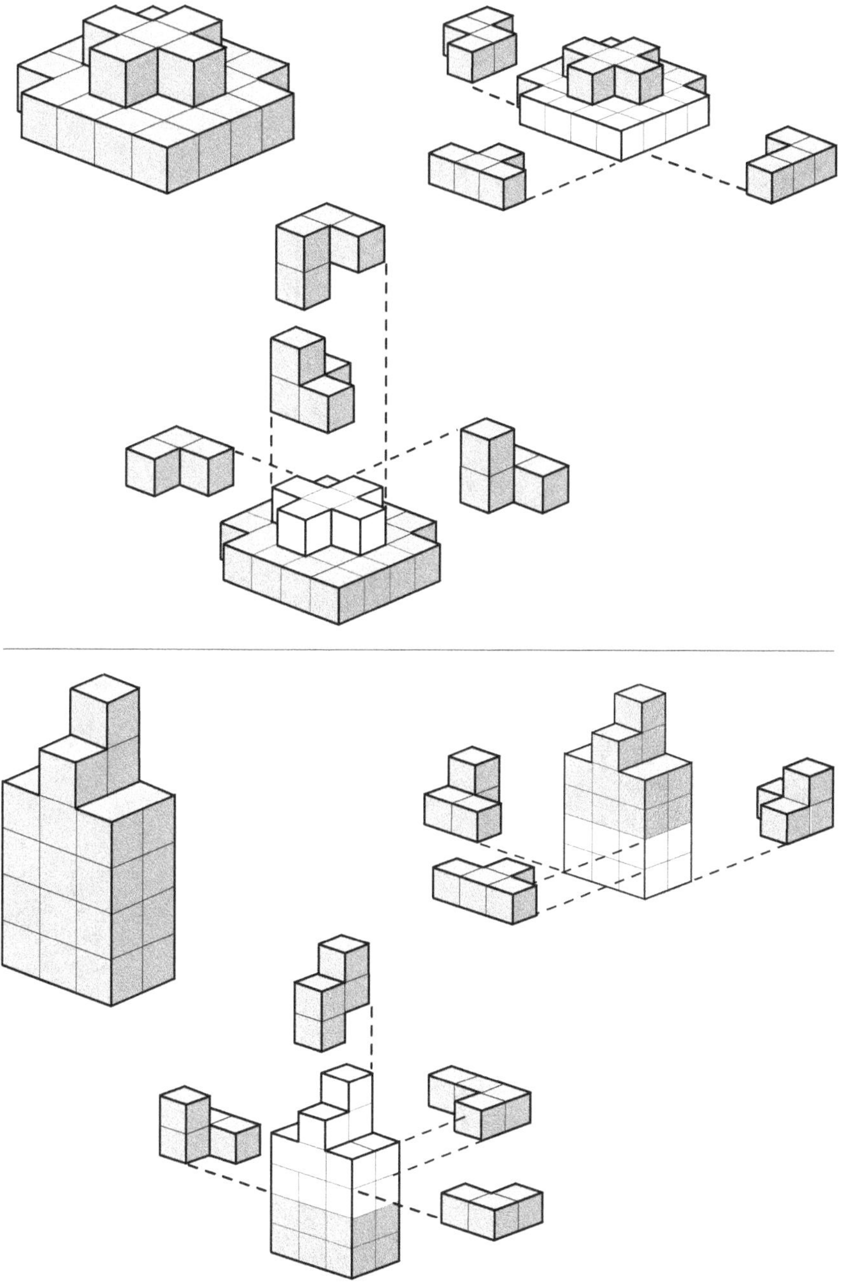

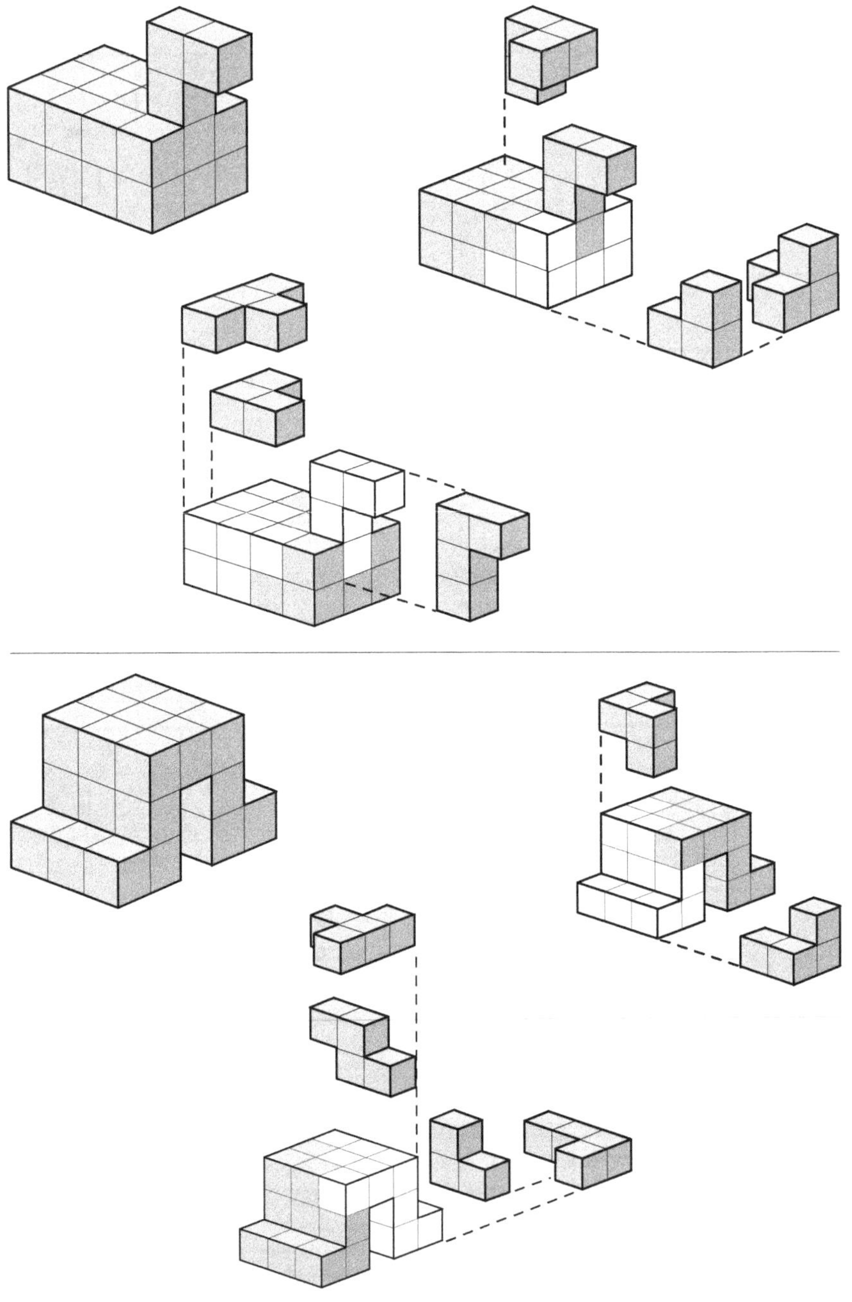

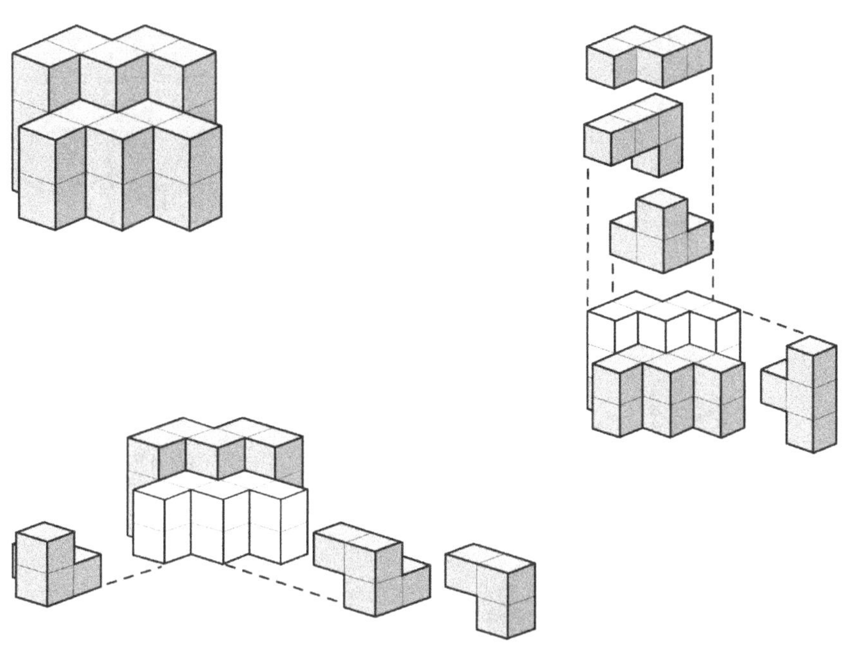

dos espacios

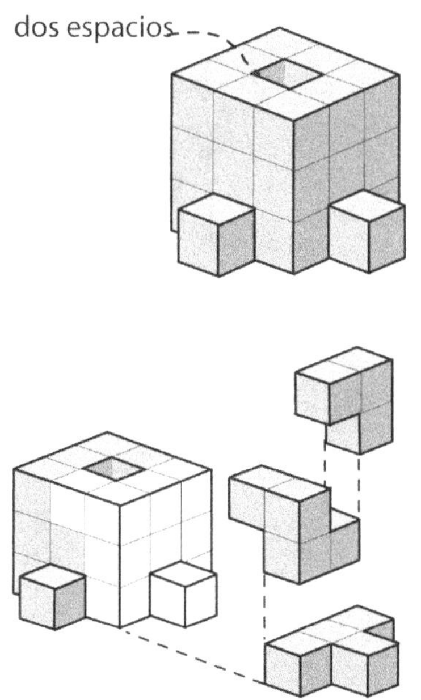

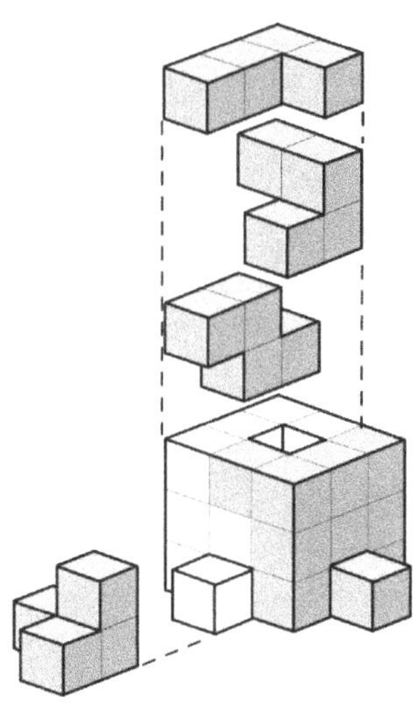

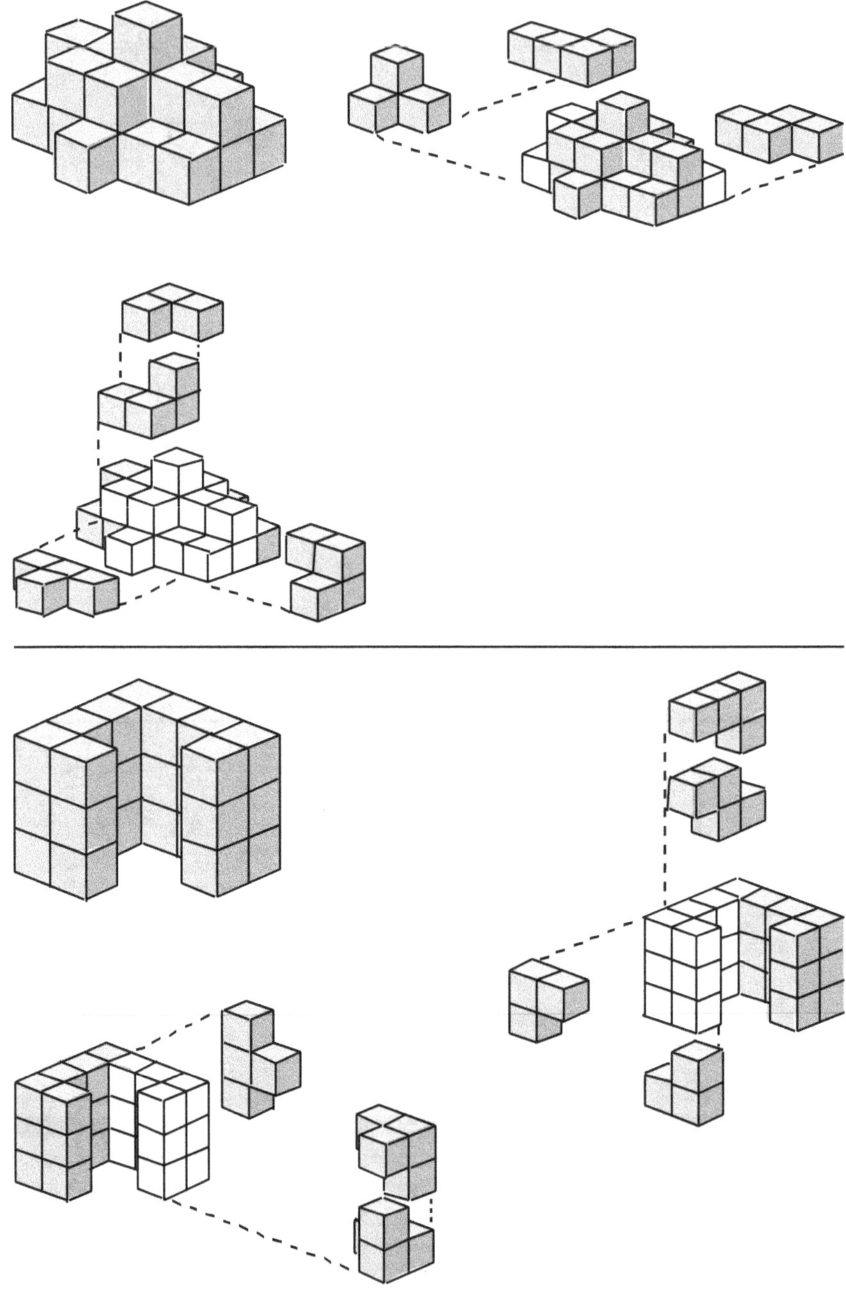

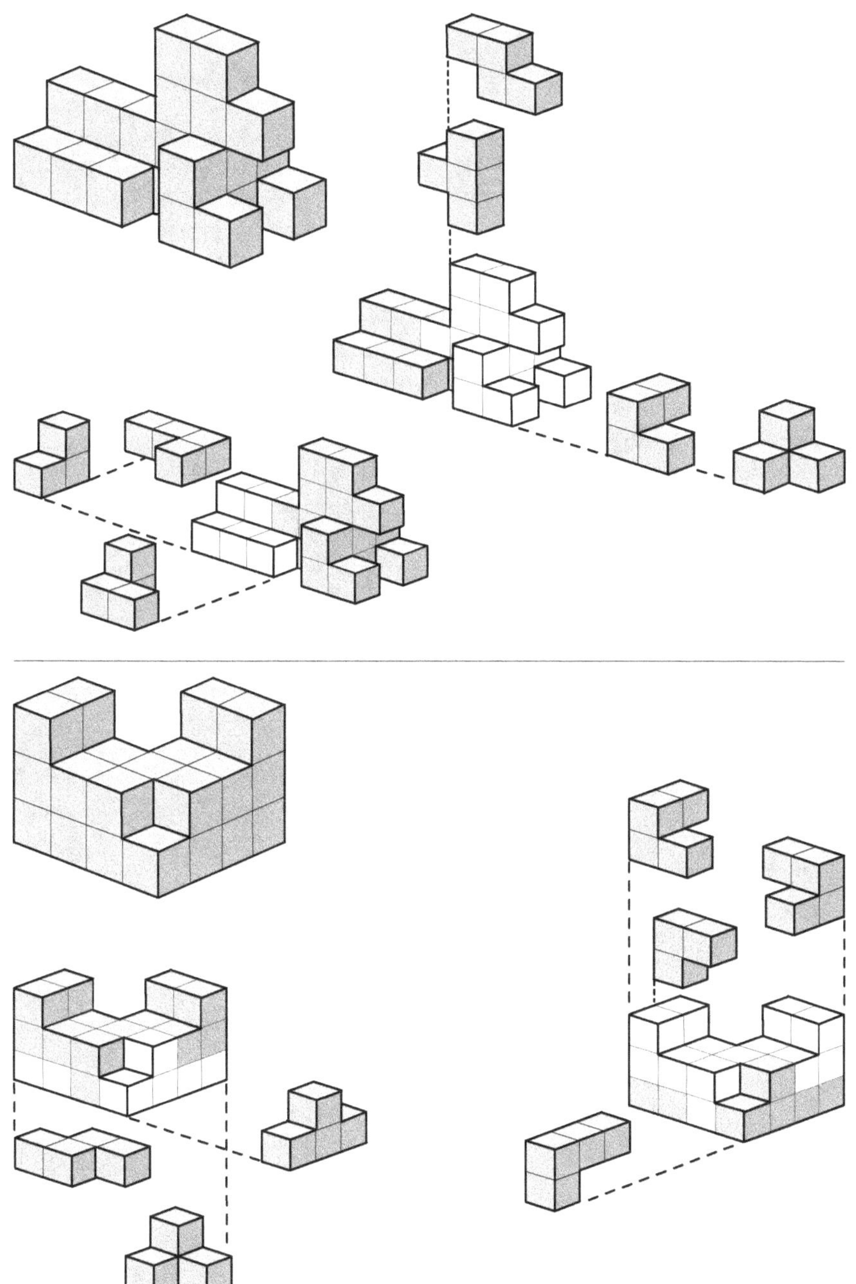

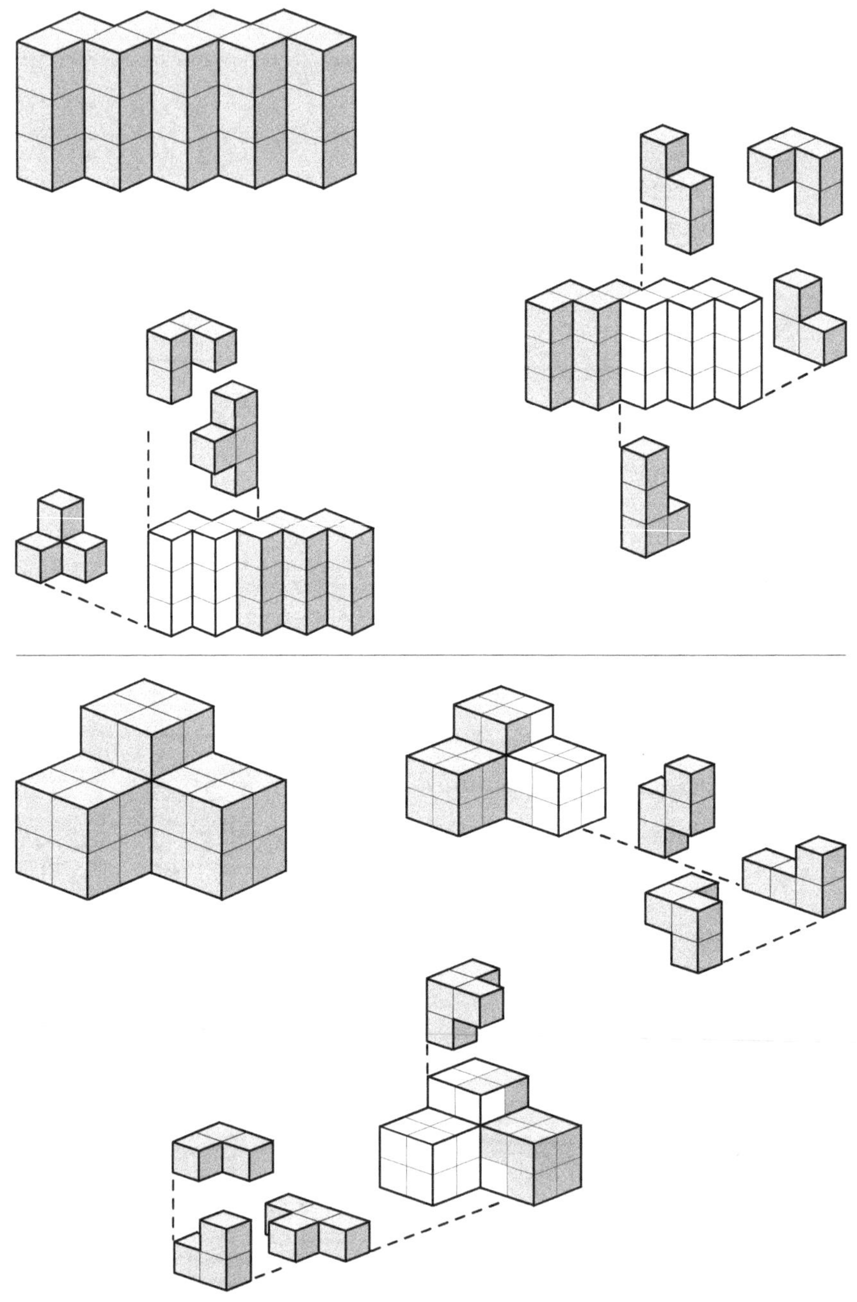

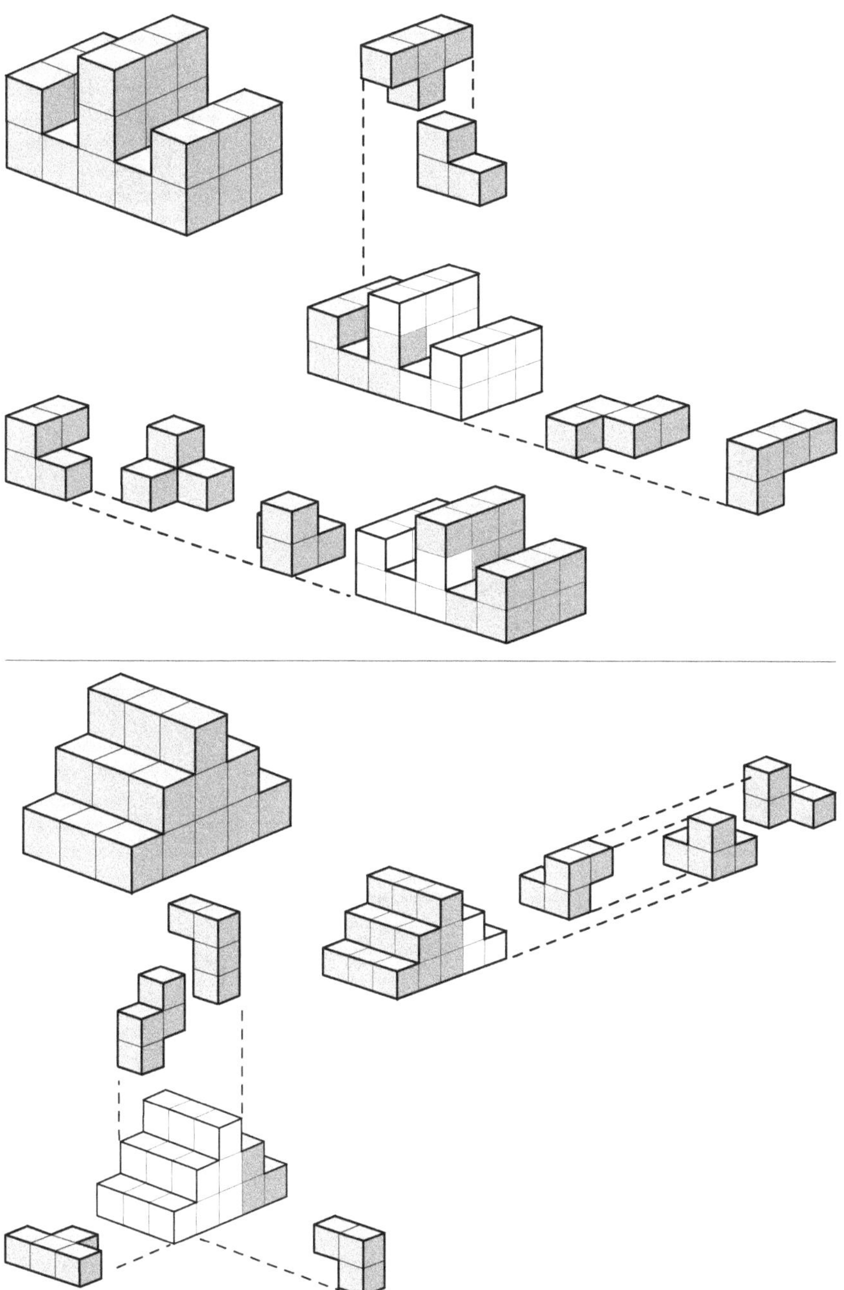

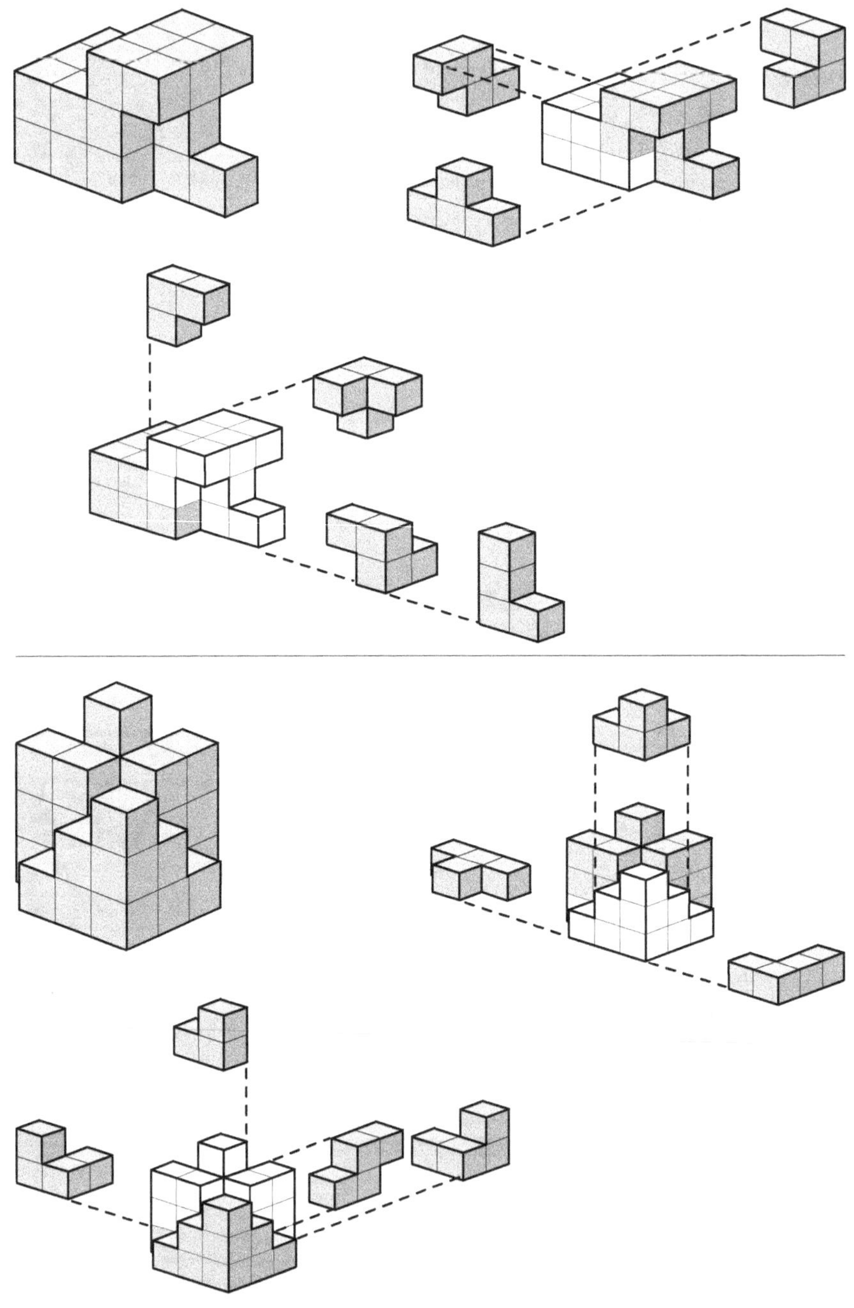

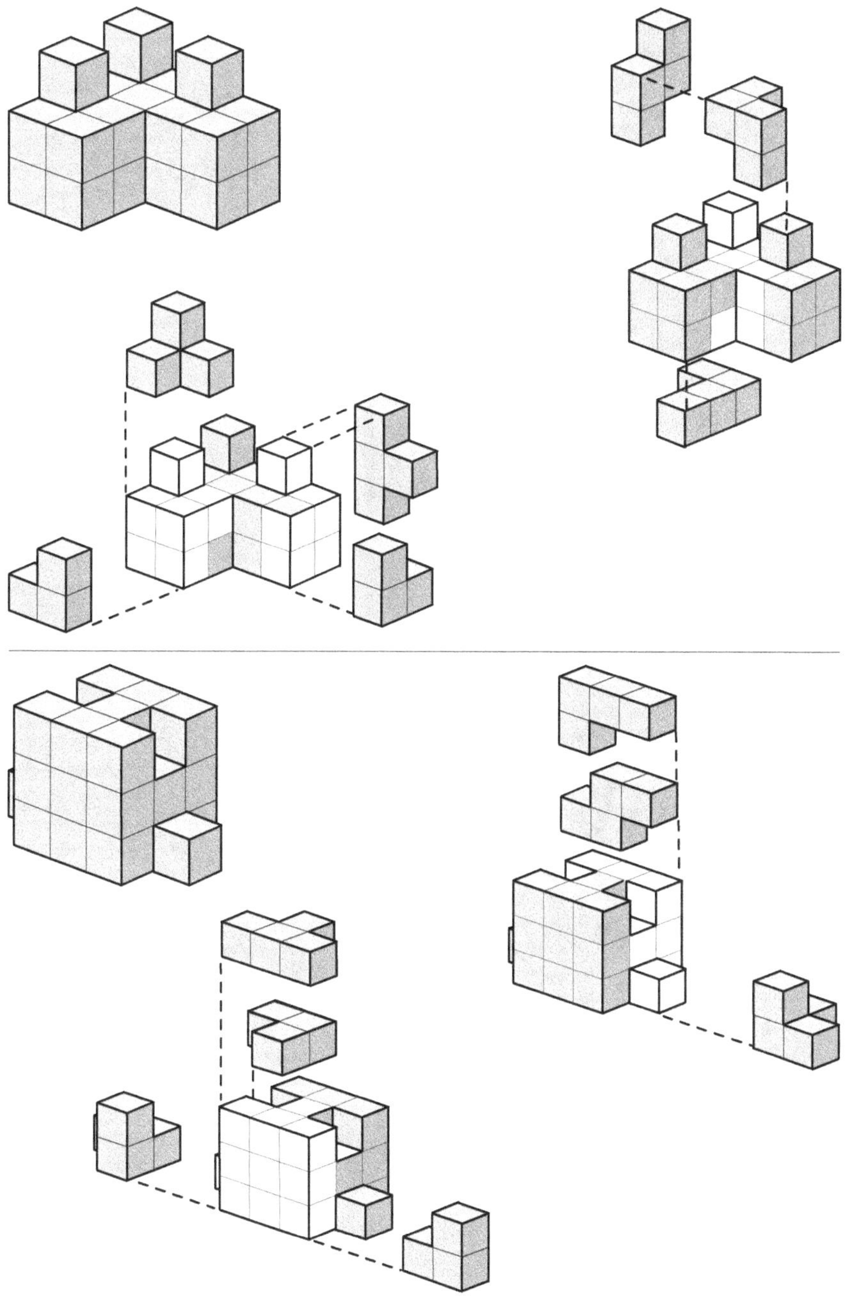

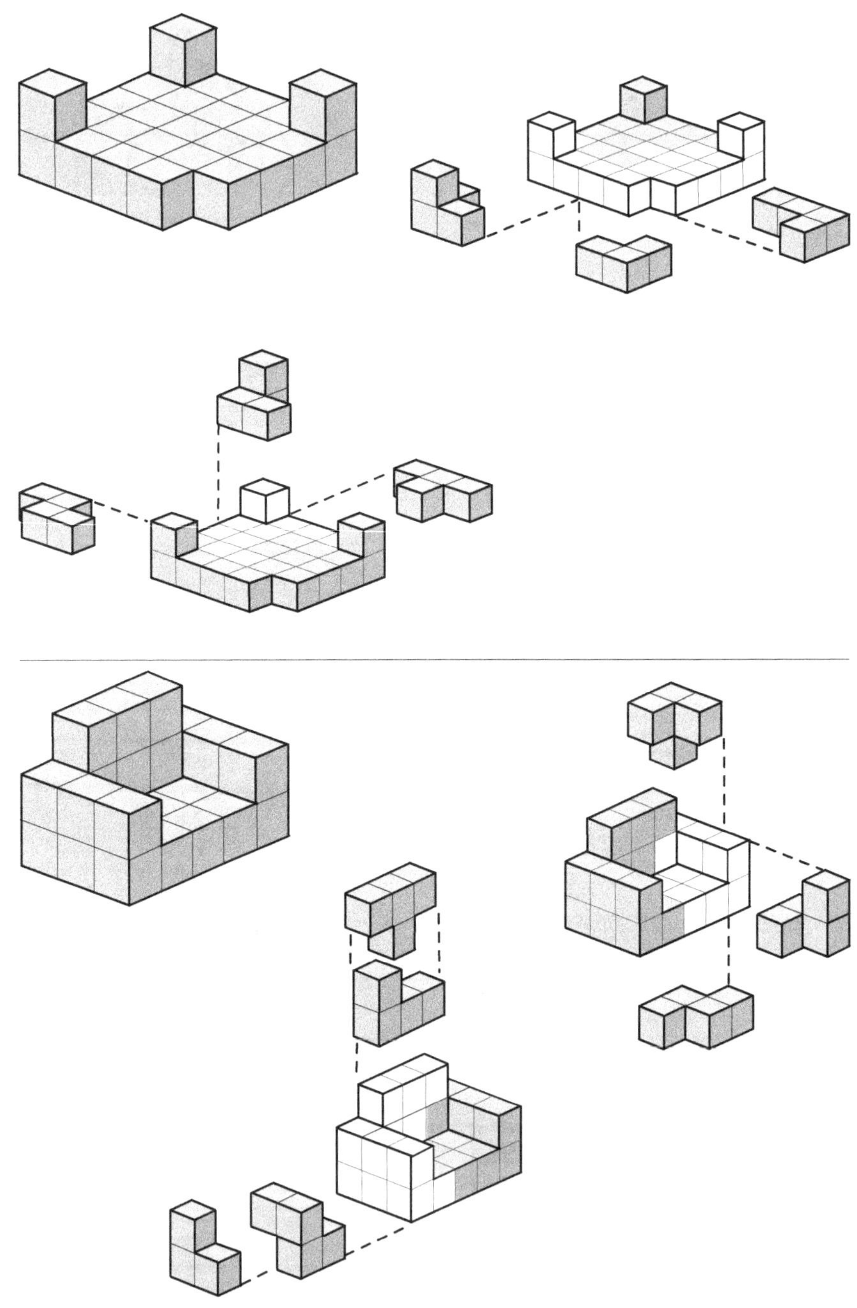

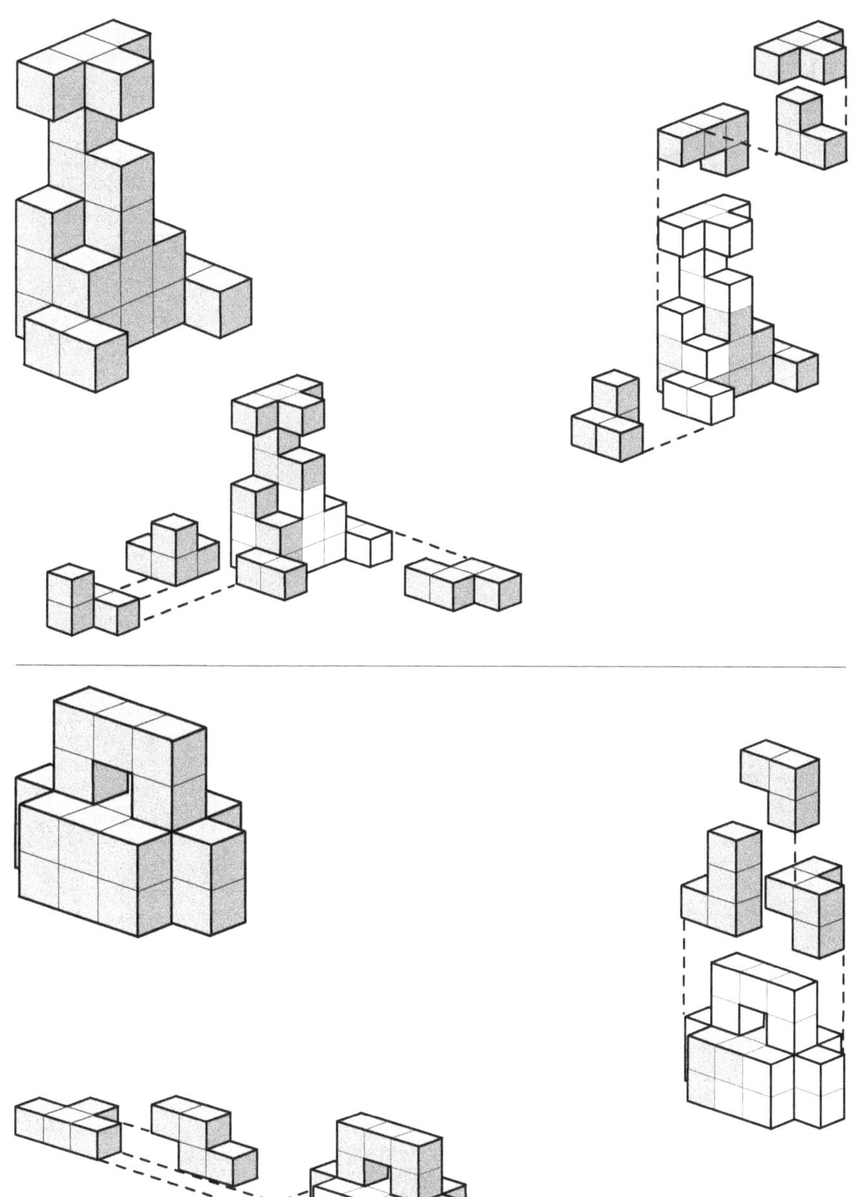

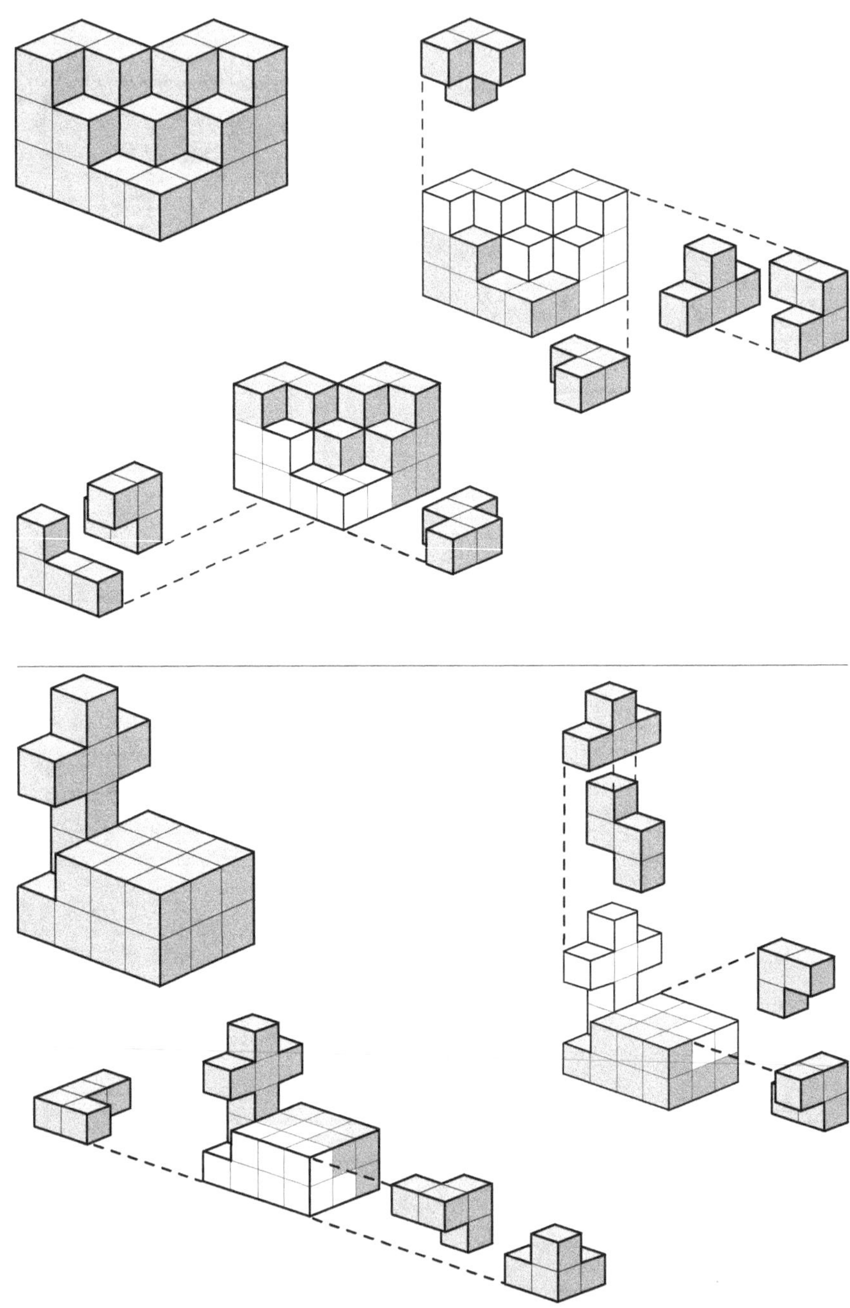

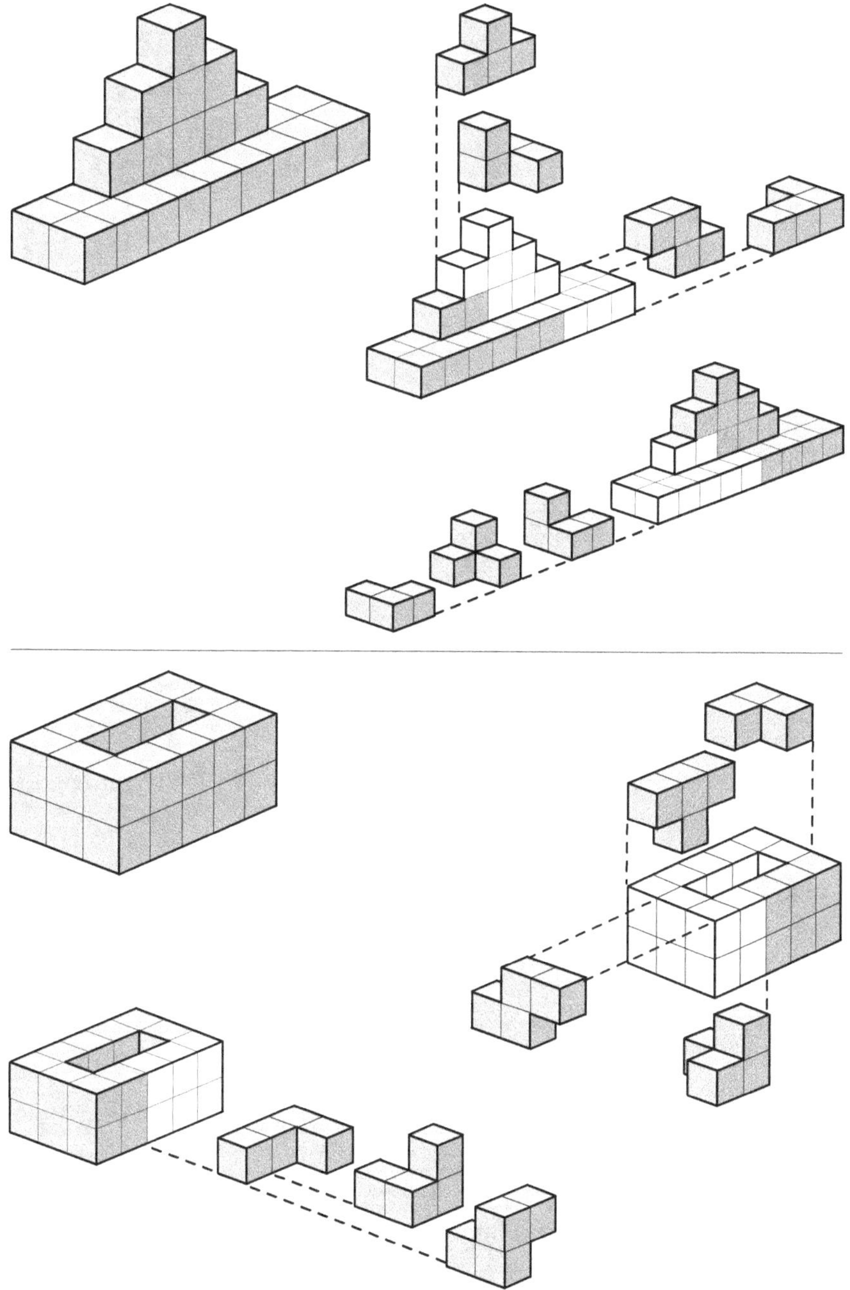

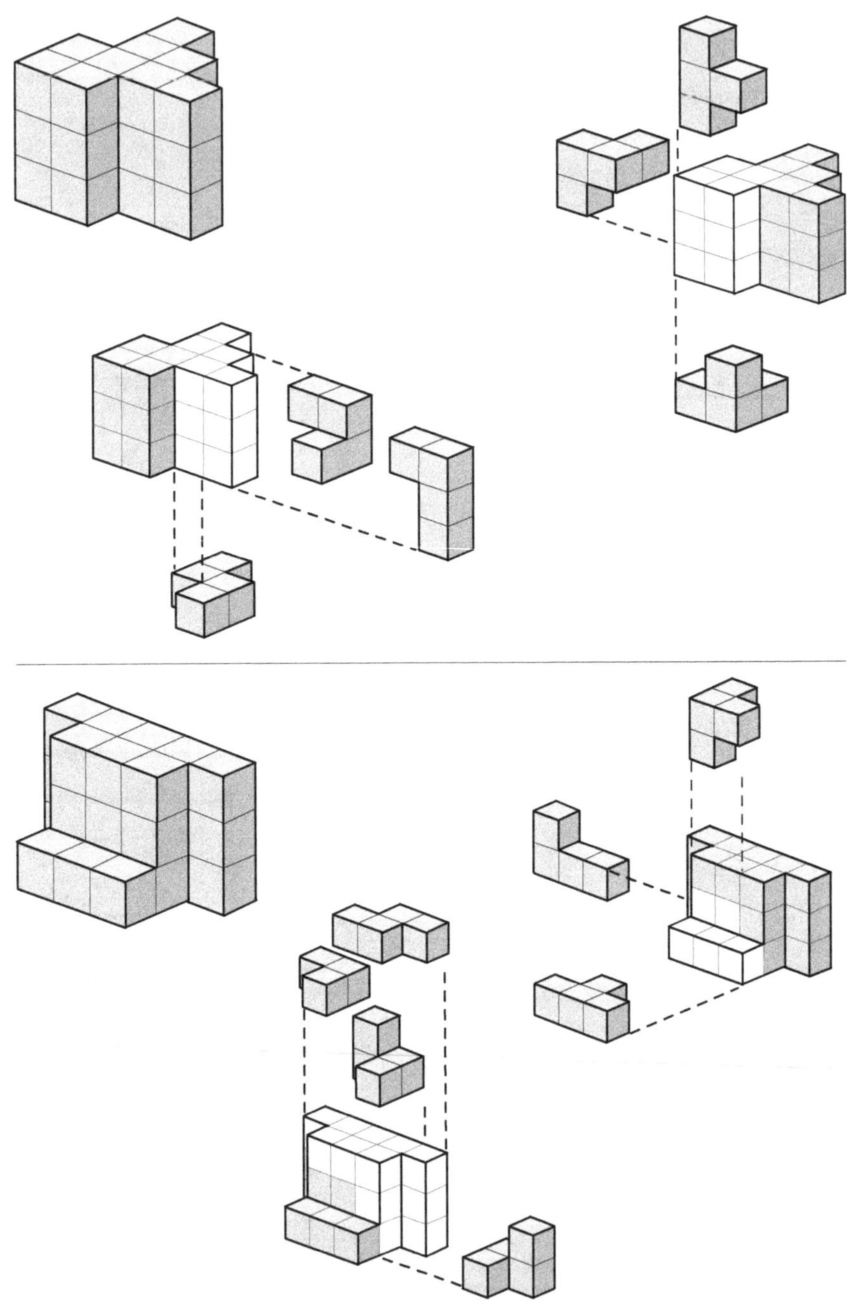

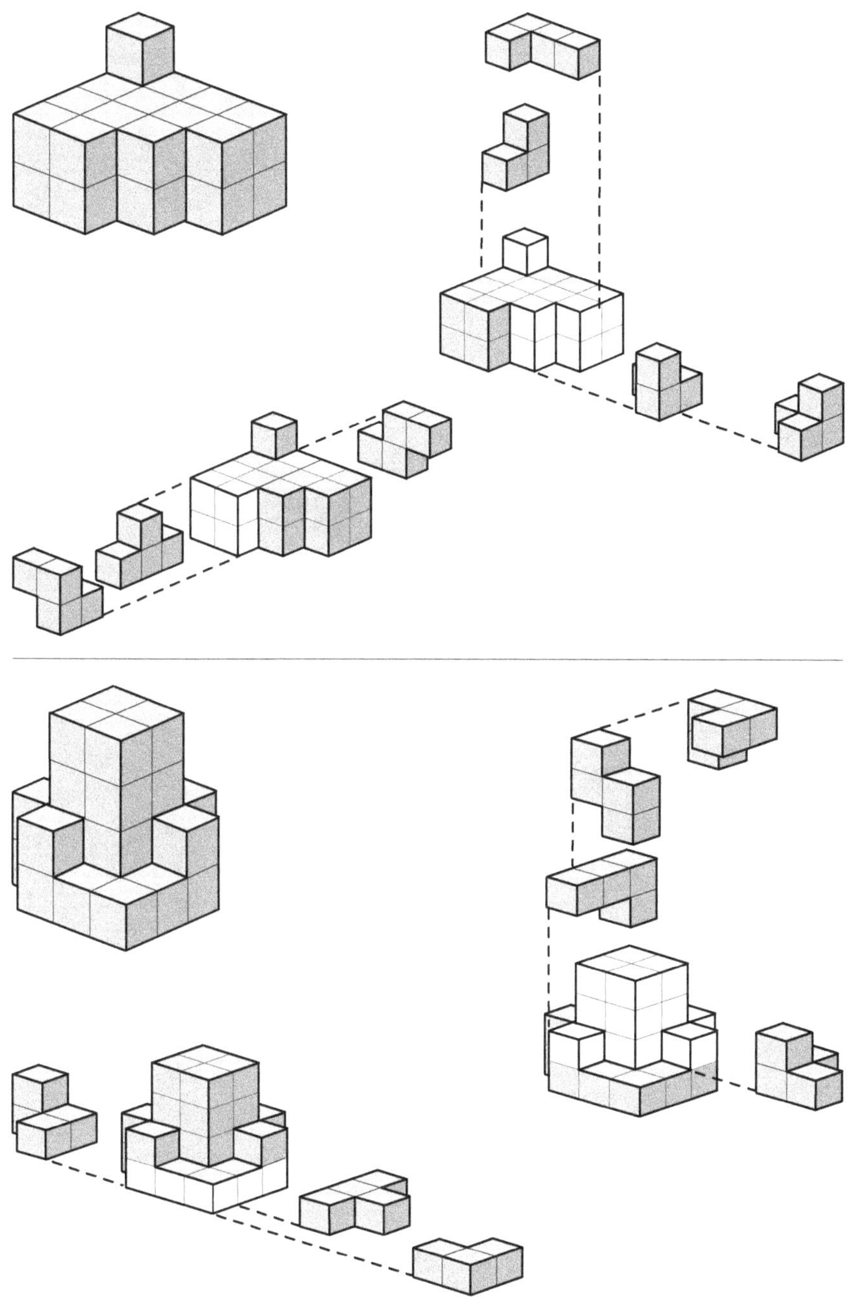

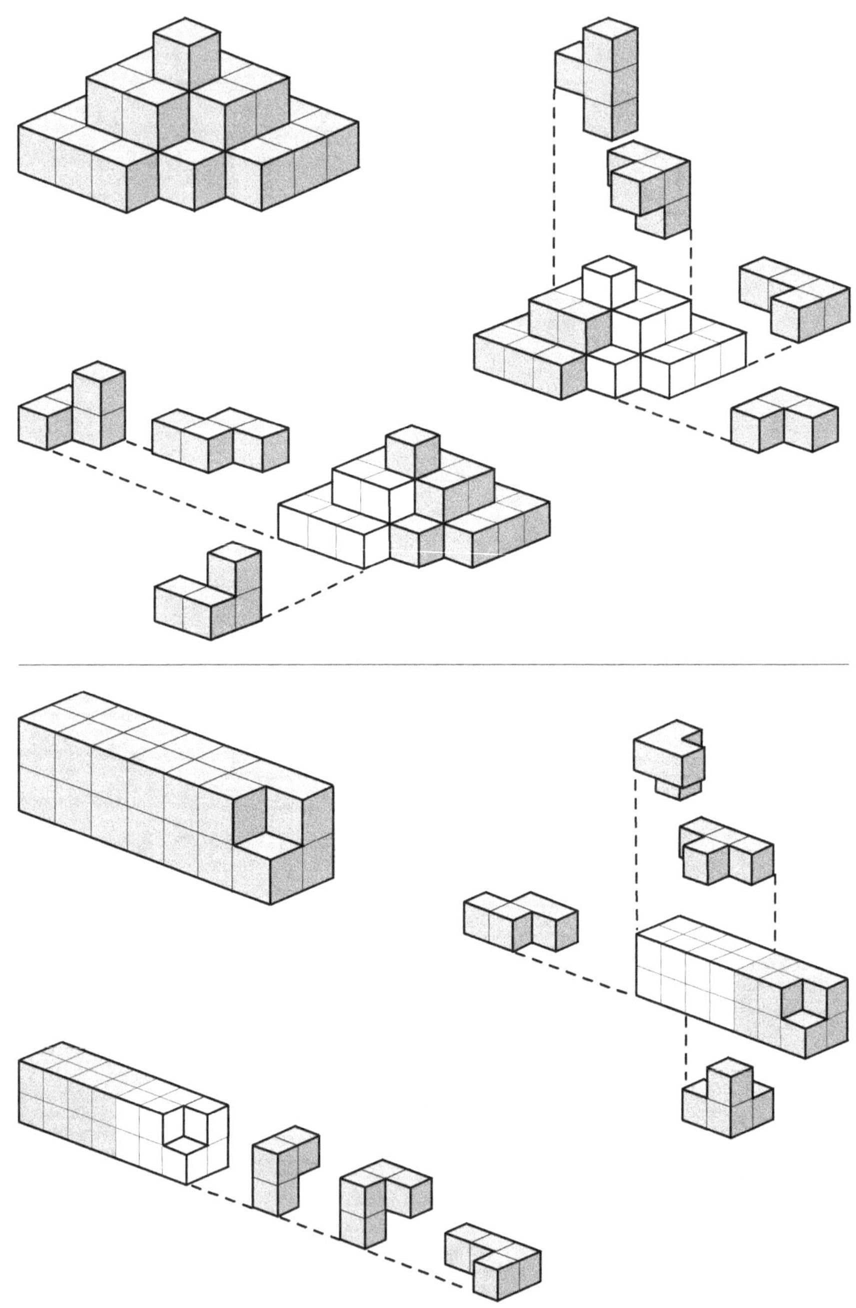

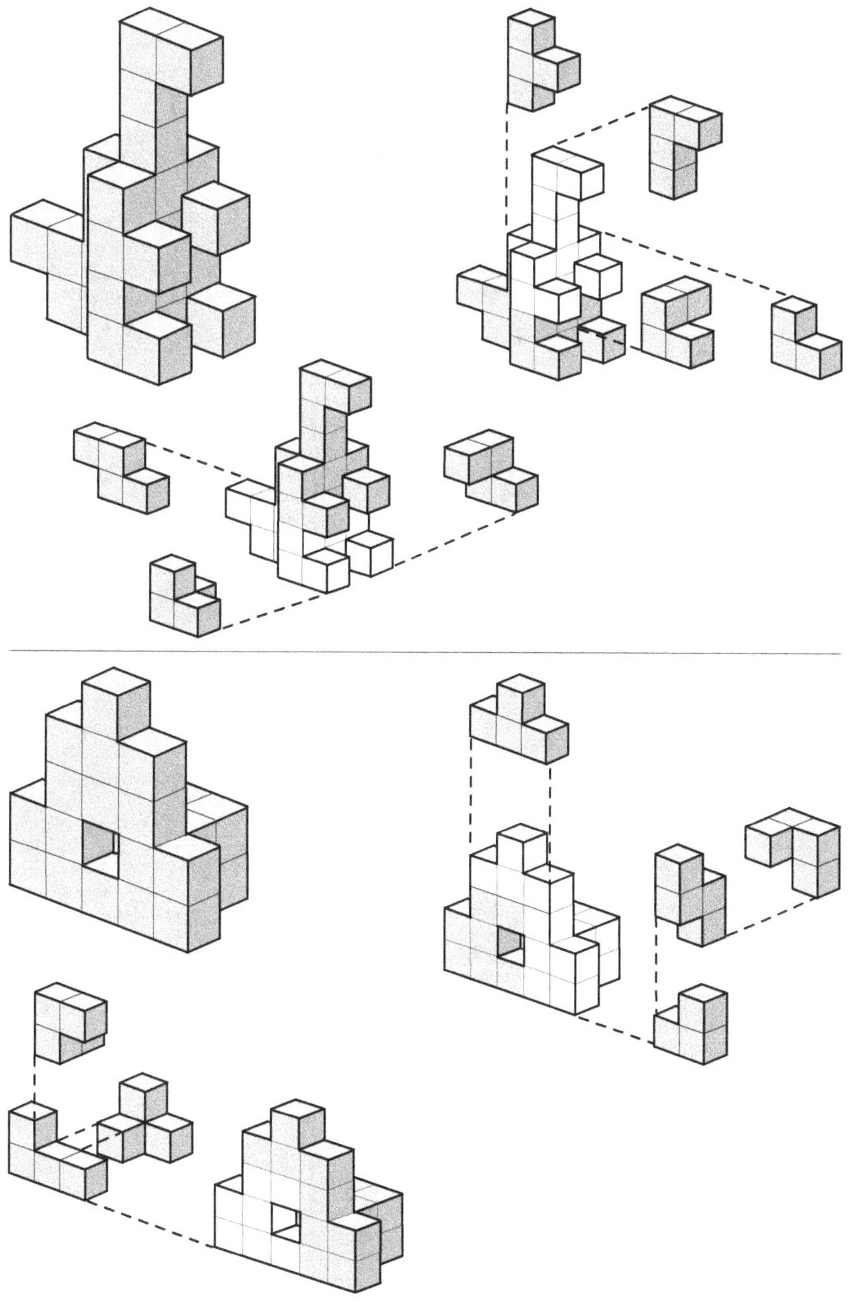

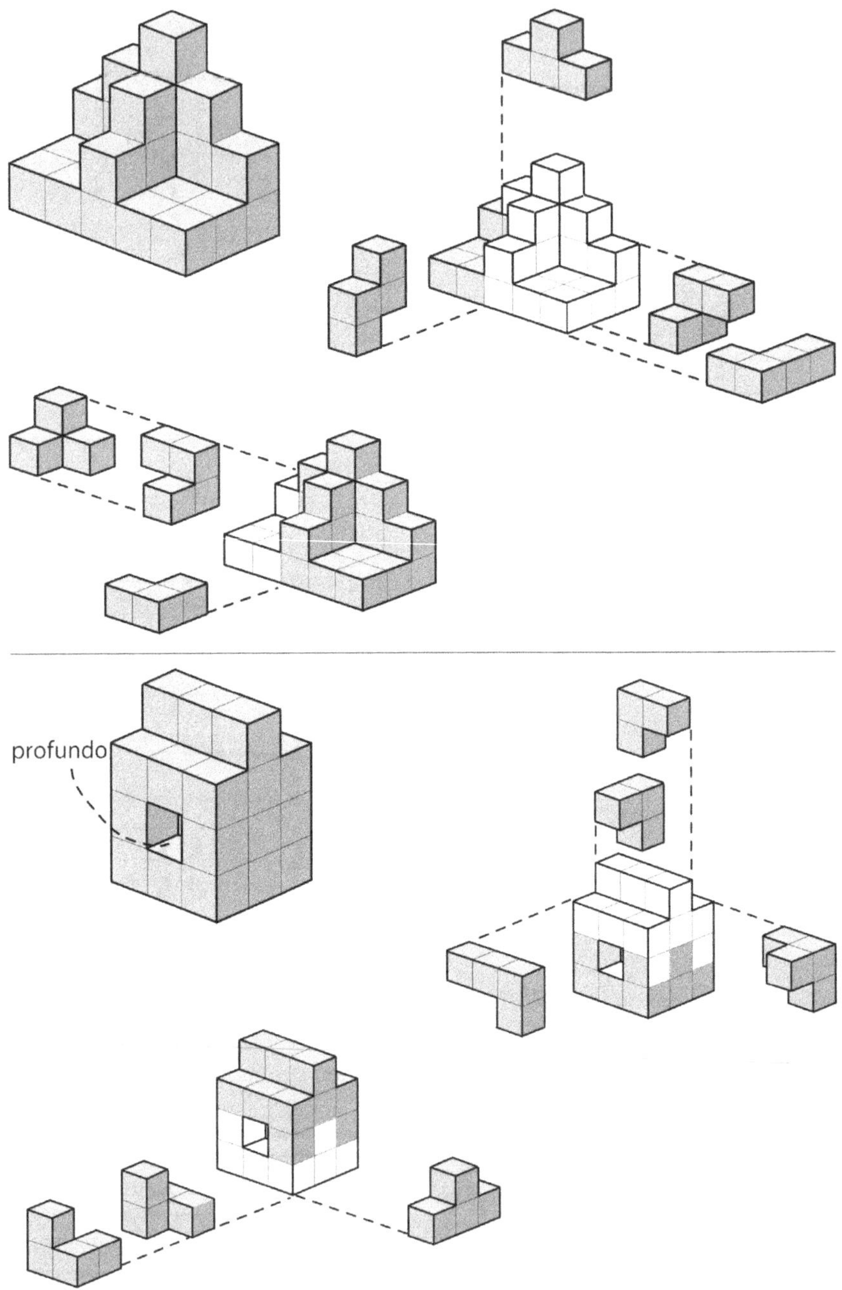

profundo

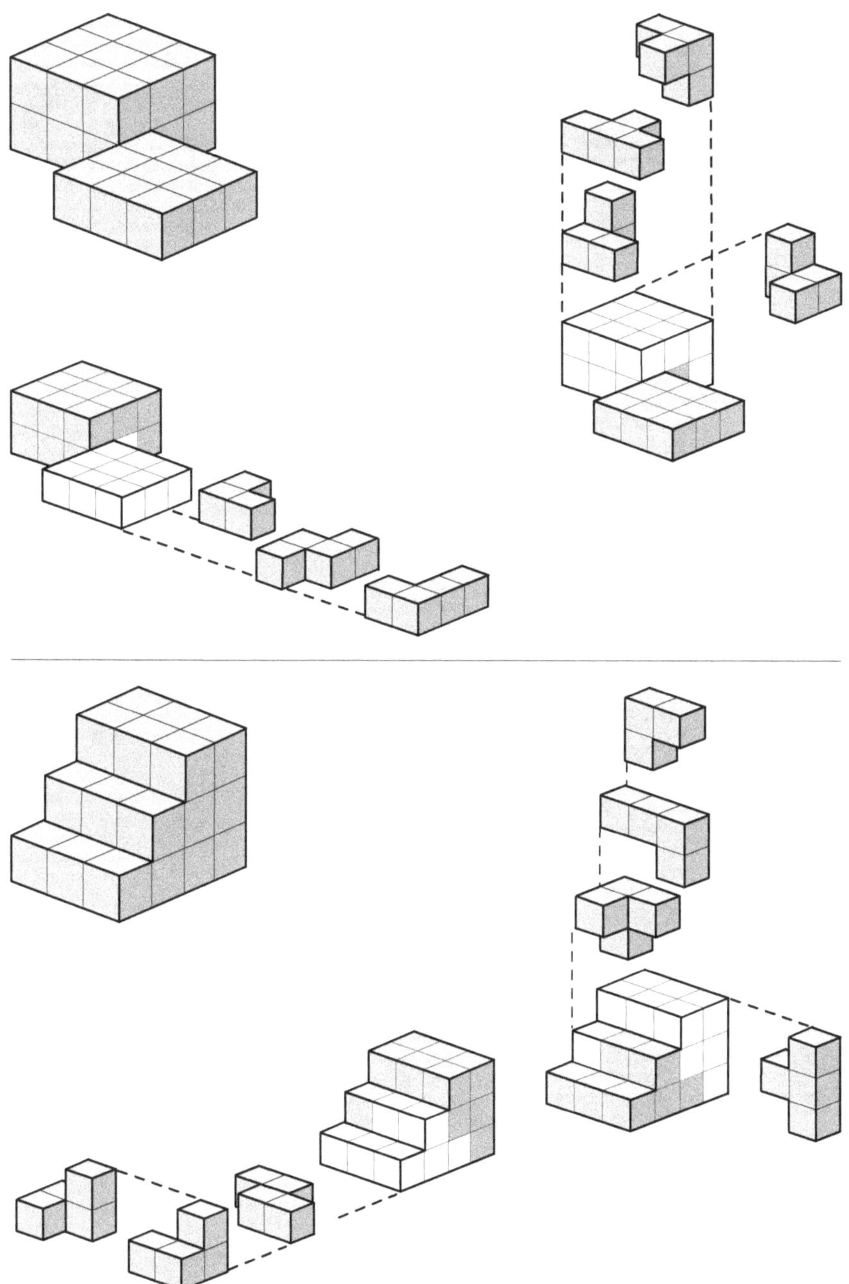

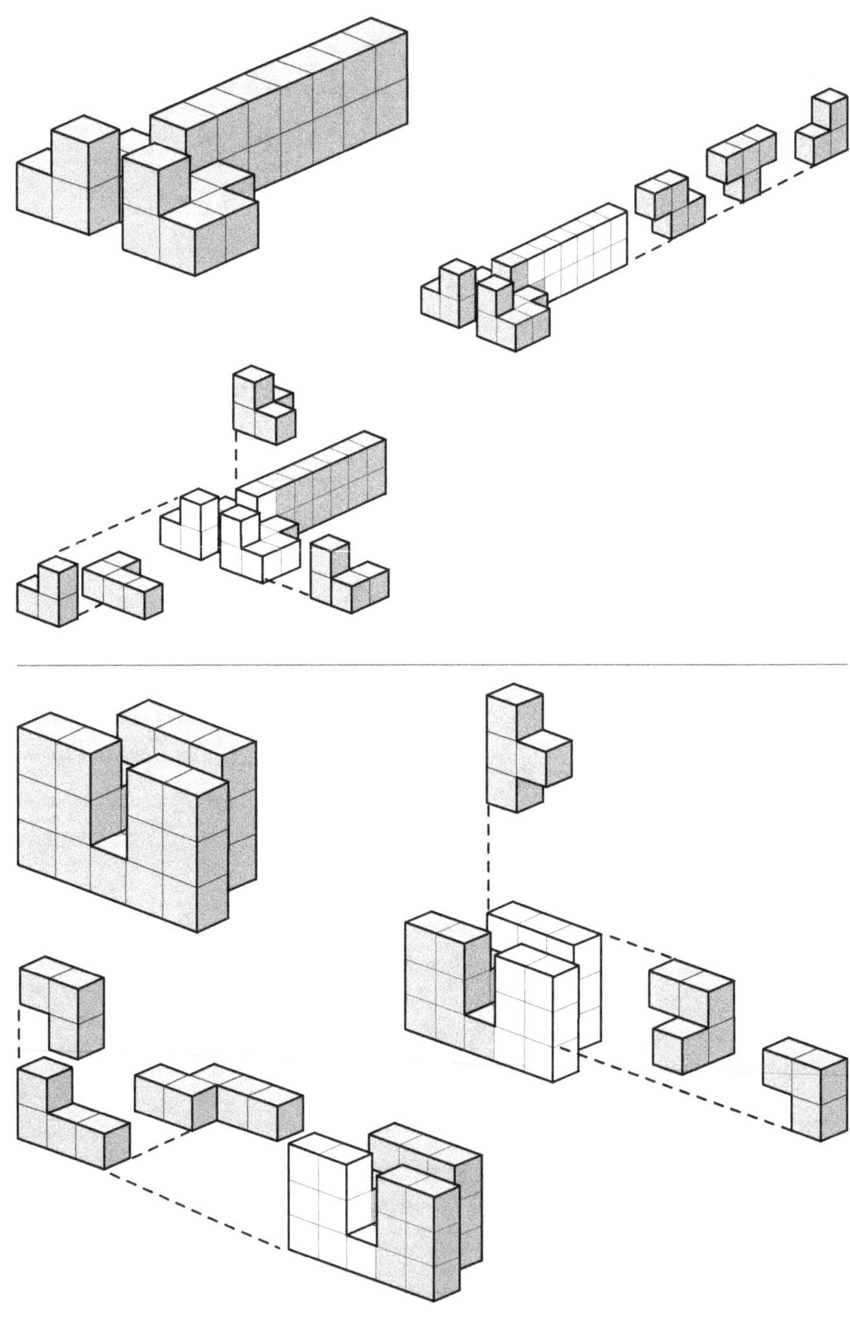

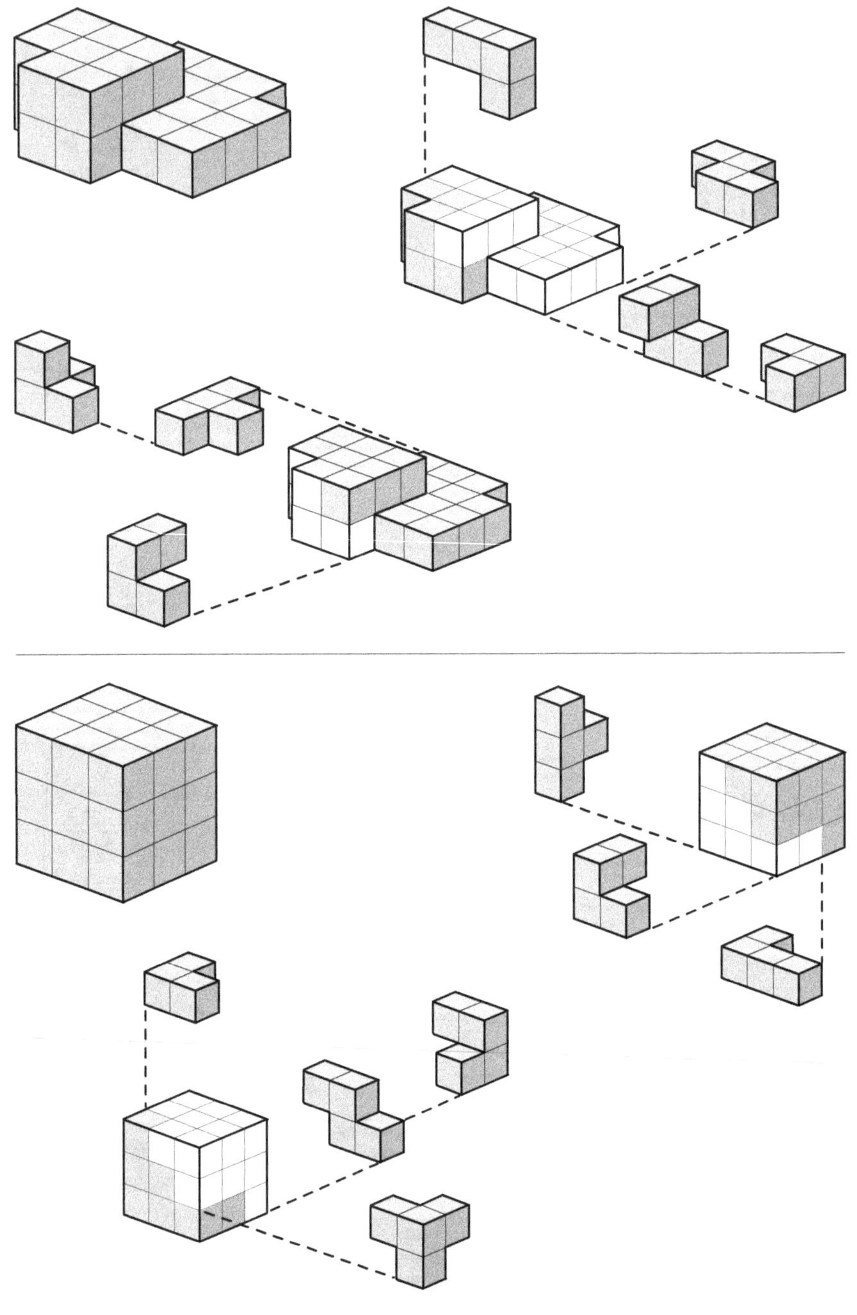

4. ¿Es posible construir el rascacielos; con las siete piezas soma?

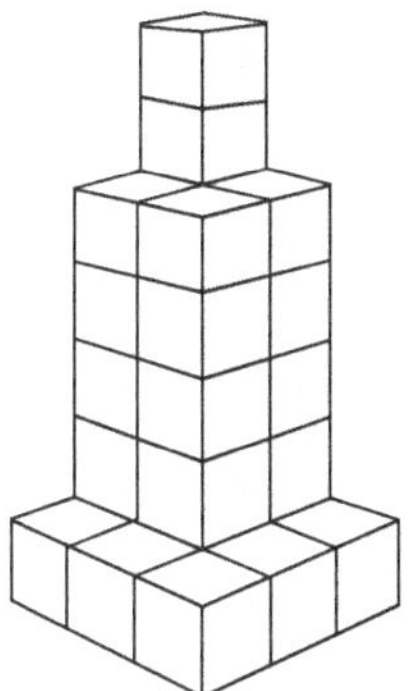

5. Con las siete piezas soma, construye tus propias figuras.

6. En la figura, aparece un policubo formado por cuatro cubos, unidos por sus caras. Investiga, descubre y construye, ayudándote del papel isométrico, los restantes policubos que se pueden formar con cuatro cubos iguales unidos por sus caras.

   (Para representar en el plano policubos se utiliza muy frecuentemente papel isométrico)

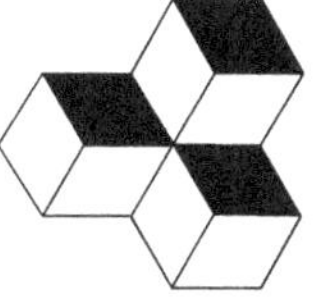

7. En la siguiente ilustración aparecen varios policubos, algunos de los cuales son iguales. Identifícalos.

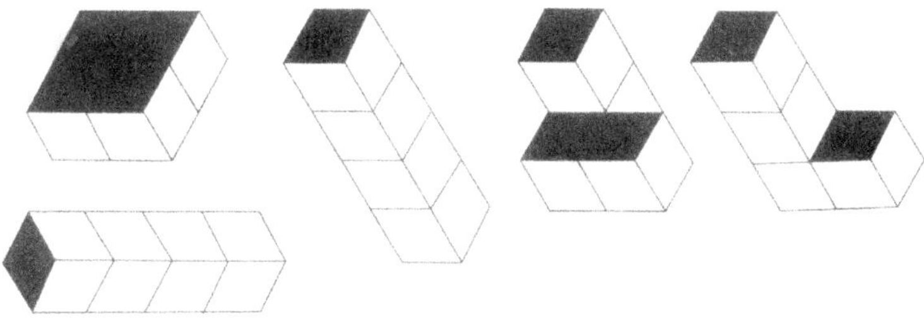

8. Observa las siguientes figuras. Las primeras corresponden a escaleras simples construidas con cubos de 1, 2, 3 y 4 escalones y las segundas a escaleras dobles construidas con cubos de 1, 2 y 3 escalones.

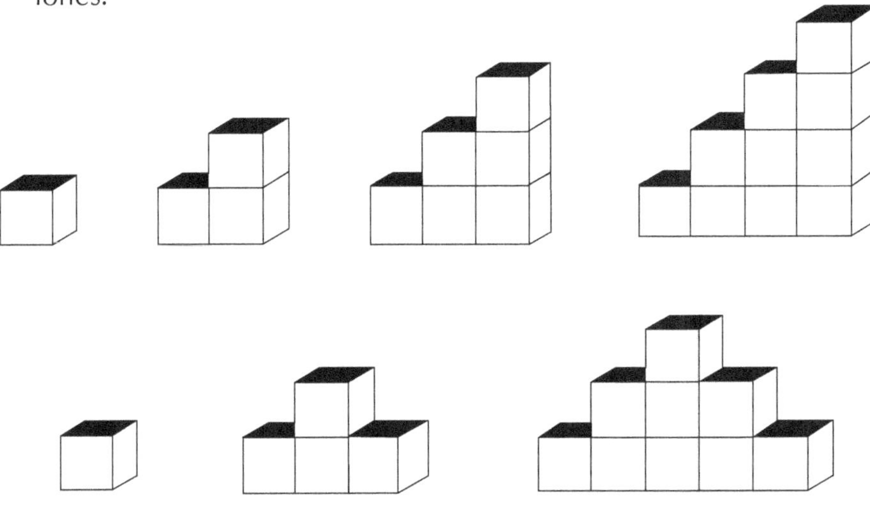

Completa la siguiente tabla e intenta generalizar los resultados para n escalones

N° de escalones	1	2	3	4	5	6
N° de cubos (escaleras simples)						
N° de cubos (escaleras dobles)						

9. En la siguiente ilustración, se tiene una figura, en forma de L, de dimensiones 1 x 2 x 3, formada por cuatro cubos. Dibuja en papel isométrico una L semejante a la anterior y de dimensiones dobles; es decir 2x4x6. ¿Cuántos cubos contiene?

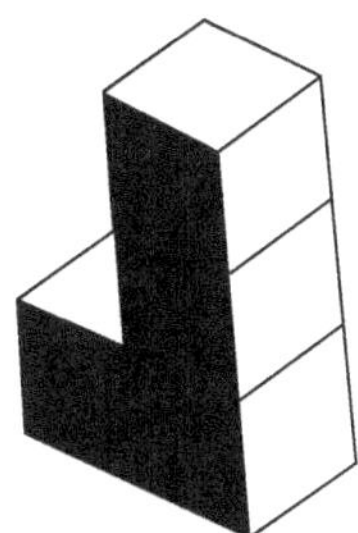

10. Imagina que tienes ocho cubos de madera de 1 cm de arista, ¿cómo se podrían pintar de manera que puedan reunirse para formar otro cubo de 2 cm de arista, todo él de color rojo o todo él de color azul?

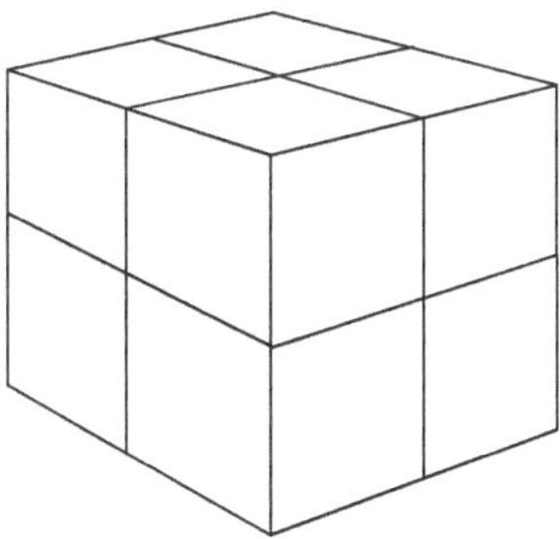

11. Nos han pedido aserrar un cubo de madera de 3 cm de arista para obtener cubitos de 1 cm. ¿Será posible hacerlo con menos de seis cortes?

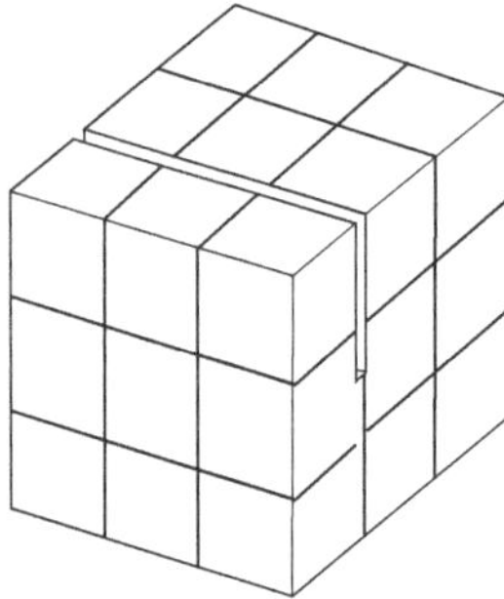

12. Un cubo de arista unidad puede acoplarse a otros siete cubos idénticos para formar otro cubo mayor de dos unidades de arista. Cuántos cubos son necesarios para construir un cubo de arista tres unidades?

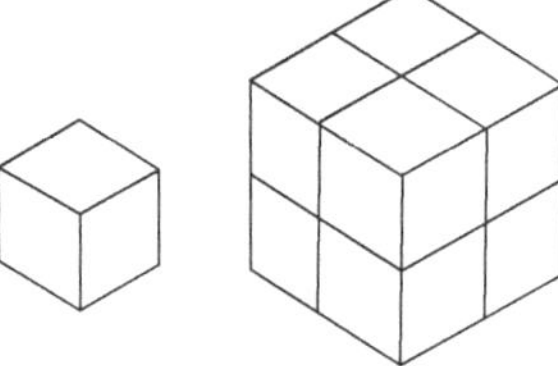

13. ¿Cuál es el mínimo de colores que se necesitan para pintar un cubo de manera que dos caras adyacentes tengan siempre distinto color?

¿Cuántos cubos diferentes se pueden obtener usando cuatro colores?

Cada cara ha de ir pintada sólo de un color y caras adyacentes de colores distintos.

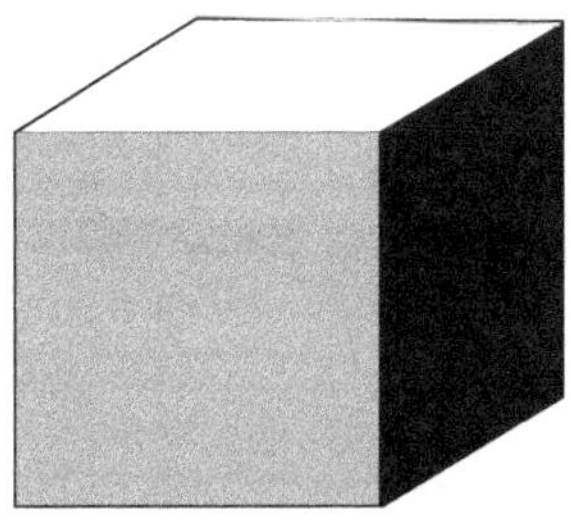

14. Tenemos 27 cubitos numerados del 1 al 27, cada uno con su número escrito en todas sus caras. Hay diversas formas de construir con ellos un cubo más grande de tamaño 3 x 3 x 3, de forma que los números de cada fila de cubos pequeños, paralela a una arista del cubo grande, sumen siempre 42. Las diagonales del cubo también suman 42, pero no las diagonales de las caras. La figura muestra la colocación de la capa superior en una de las soluciones ¿Podrías completarla indicando los números correspondientes a las otras dos caras?

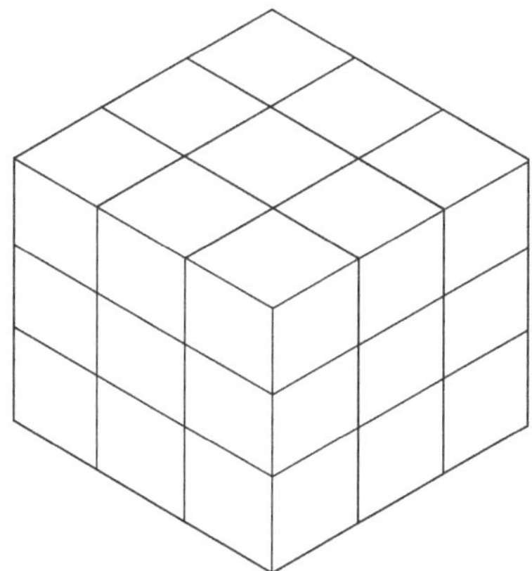

15. En la figura siguiente hemos dibujado un policubo con forma de F y con forma de T. ¿Cuántos cubos contienen?

Soluciones

1. Las siete piezas se construyen fácilmente poniendo un poco de cemento plástico en las caras indicadas, dejando que se sequen y después pegándolas.

    Estos cubos pueden ser de madera, plástico, o espuma.

2. El cubo soma es una de las construcciones mas fáciles. Existen más de 230 soluciones diferentes, sin contar las rotaciones y reflexiones. Sin embargo, no se conoce el número exacto de soluciones.

3. En lugar de usar la técnica de prueba y error, que consume mucho tiempo, es mucho más satisfactorio, si se analizan las construcciones y se aplica la deducción y la intuición geométrica.

4. No es posible construir el rascacielos, con las siete piezas soma.

6. Los ocho policubos diferentes que se pueden hacer son:

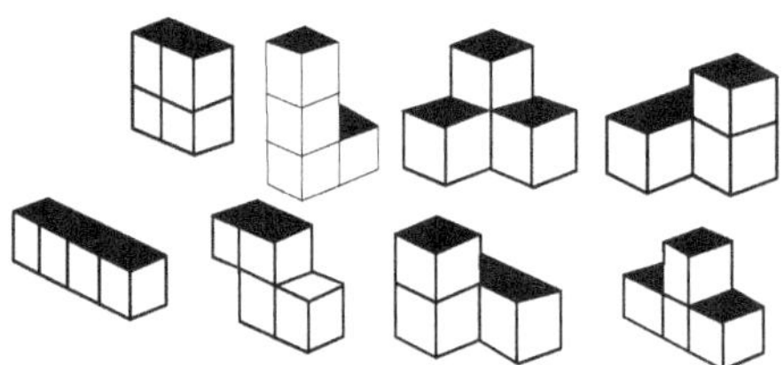

7. Los policubos iguales son:
    *   El 1 y el 6
    *   El 2 y el 5
    *   El 7 y el 12
    *   El 4 y el 11
    *   El 8 y el 10
    *   El 4 y el 16

8. Escaleras simples

   Llamando n al número de escalones, el número de cubos a_n que tendría una escalera de n escalones es:

   $a_n = 1/2 \, (n^2 + n)$

   Escaleras dobles: el número de cubos b_n viene dado por:

   $b_n = n^2$

9. La primera L; n = 1, tiene de dimensiones 1 x 2 x 3 y contiene cuatro cubos.

   La segunda L; n = 2, tiene de dimensiones 2 x 4 x 6 y contiene 32 cubos.

   En general la L enésima tendrá de dimensiones 2^{n-1} x2^nx3.2^{n-1} y contiene 2^{3n-1} cubos.

10. Pinta cada cubo de 1 cm de manera que las tres caras que tienen un vértice común sean todas rojas, mientras que las que comparten el vértice opuesto sean todas azules. Entonces se pueden reunir los ocho cubos para formar otro mayor de 2 cm. de arista y todo él rojo o todo él azul, según como se coloquen.

11. Independientemente de cómo trates de cortar el cubo grande, no hay manera de evitar que el cubo central de 1 cm tenga sus seis caras, y que todas hayan de ser cortadas por cortes distintos. Así pues, es imposible cortar los 27 cubitos pequeños con menos de seis cortes.

12. Se necesitan 27 cubos.

13. El mínimo número de colores es tres, ya que las tres caras que concurren en un vértice son, dos a dos, adyacentes y deben ir pintadas de distintos colores, pero las tres parejas de caras opuestas pueden ir del mismo color cada una.

Si disponemos de cuatro colores A, B, C y D; tenemos cuatro maneras distintas de elegir tres:

ABC, ABD, ACD y BCD, y una sóla manera de colorear el cubo, con esos tres colores a la vez.

No es fácil distinguir las diferentes posibilidades sin utilizar un modelo, se pueden utilizar terrones de azúcar.

Advierte que no puedes pintar del mismo color tres caras cualesquiera porque habría dos contiguas iguales; como hay seis caras y cuatro colores, se han de usar dos colores en dos caras cada uno, y los otros dos en una cada uno. Esto nos lleva a las seis soluciones representadas.

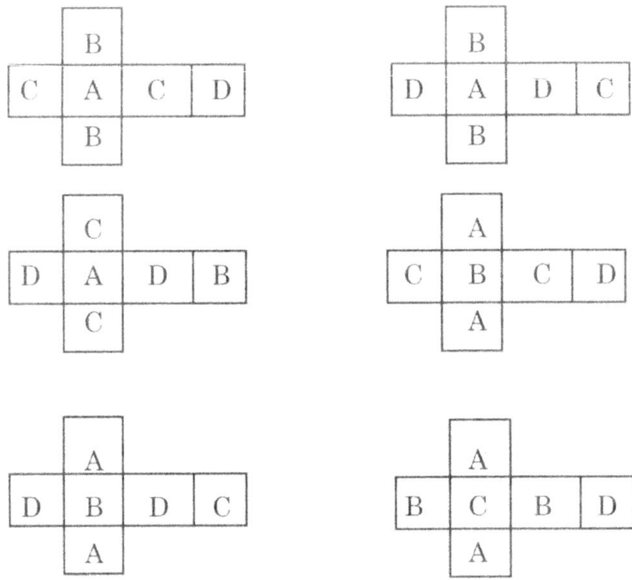

En cada caso, los dos colores que se repiten han de ir en caras opuestas. Estas seis soluciones, con las cuatro anteriores, que utilizaban sólo tres colores cada una, nos dan un total de diez maneras distintas de colorear el cubo.

14. El cubo mágico es:

Capa intermedia

23	3	16
7	14	21
12	25	5

Capa inferior

18	22	2
20	9	13
4	11	27

15. 9 y 6 cubos respectivamente.

Capítulo 4

El geoplano de Gattegno

El geoplano es una plancha de madera u otro material, sobre la cual se clavan puntillas simétricamente distribuidas.

Fue inventado por el matemático italiano Caleb Gattegno, para enseñar geometría.

Existen muchos tipos de geoplanos, el que vamos a trabajar consta de dos caras.

Cara A del geoplano

<table>
<tr><td>1</td><td>2</td><td>3</td><td>4</td><td>5</td><td>6</td><td>7</td><td>8</td><td>9</td><td>10</td><td>T</td></tr>
<tr><td>11</td><td>12</td><td>13</td><td>14</td><td>15</td><td>16</td><td>17</td><td>18</td><td>19</td><td>20</td><td>S</td></tr>
<tr><td>21</td><td>22</td><td>23</td><td>24</td><td>25</td><td>26</td><td>27</td><td>28</td><td>29</td><td>30</td><td>R</td></tr>
<tr><td>31</td><td>32</td><td>33</td><td>34</td><td>35</td><td>36</td><td>37</td><td>38</td><td>39</td><td>40</td><td>Q</td></tr>
<tr><td>41</td><td>42</td><td>43</td><td>44</td><td>45</td><td>46</td><td>47</td><td>48</td><td>49</td><td>50</td><td>P</td></tr>
<tr><td>51</td><td>52</td><td>53</td><td>54</td><td>55</td><td>56</td><td>57</td><td>58</td><td>59</td><td>60</td><td>O</td></tr>
<tr><td>61</td><td>62</td><td>63</td><td>64</td><td>65</td><td>66</td><td>67</td><td>68</td><td>69</td><td>70</td><td>N</td></tr>
<tr><td>71</td><td>72</td><td>73</td><td>74</td><td>75</td><td>76</td><td>77</td><td>78</td><td>79</td><td>80</td><td>M</td></tr>
<tr><td>81</td><td>82</td><td>83</td><td>84</td><td>85</td><td>86</td><td>87</td><td>88</td><td>89</td><td>90</td><td>LL</td></tr>
<tr><td>91</td><td>92</td><td>93</td><td>94</td><td>95</td><td>96</td><td>97</td><td>98</td><td>99</td><td>100</td><td>L</td></tr>
<tr><td>A</td><td>B</td><td>C</td><td>D</td><td>E</td><td>F</td><td>G</td><td>H</td><td>I</td><td>J</td><td>K</td></tr>
</table>

Cara B del geoplano

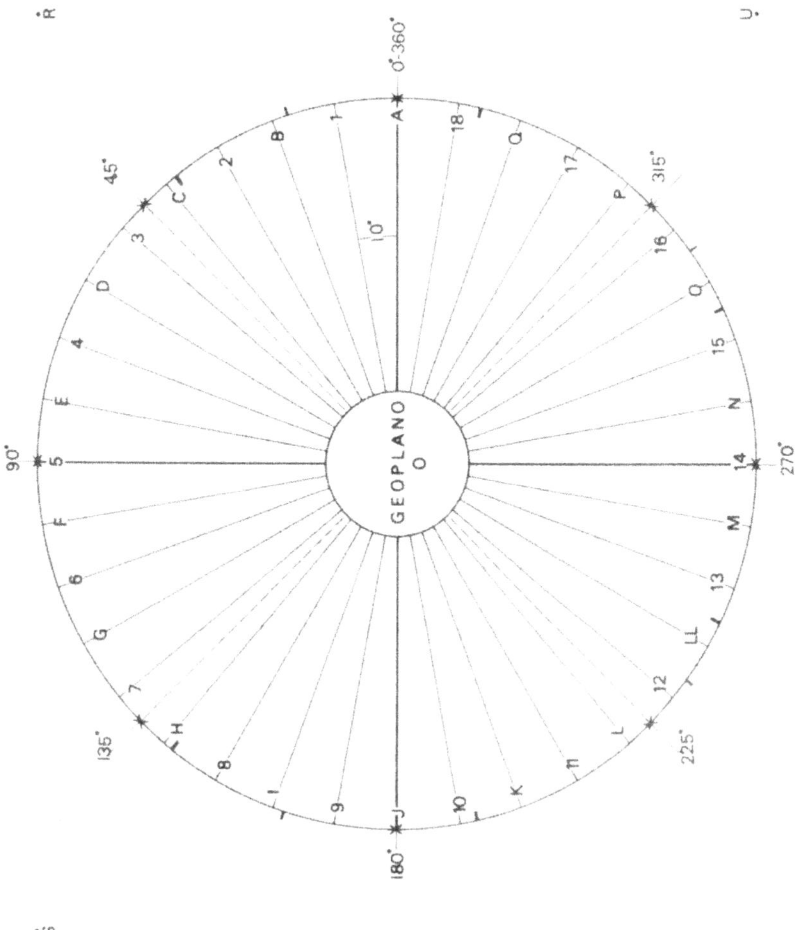

Para construir el geoplano, se consigue una table de 1 cm de grosor, se pegan las caras A y B respectivamente. las puntillas, clavos o chinches se clavan en cada agujero de manera que queden firmes, para poder trabajarcon cauchos.

Para construir figuras en el geoplano, se utilizan cauchos de distintos colores, lana, pita y plastilina.

Con el geoplano se pueden trabajar actividades para afianzar conceptos sobre figuras planas, y las dos medidas más importantes en ellas: El perímetro y el área.

De igual manera podemos trabajar los conceptos de ángulo, polígonos , líneas de la circunferencia, fraccionaríos, plano cartesiano, series numéricas, múltiplos, divisores y otros conceptos que la profesora o el profesor considere necesarios, teniendo en cuenta el curso.

Actividades

1. Construye el geoplano.

2. En la cara A, del geoplano; con cauchos construye las distintas clases de triángulos que conozcas.

3. En la cara A, del geoplano; con pita encierra cuadrados de orden 4x4.

   ¿Qué polígonos se pueden construir en un cuadrado de orden 4x4?

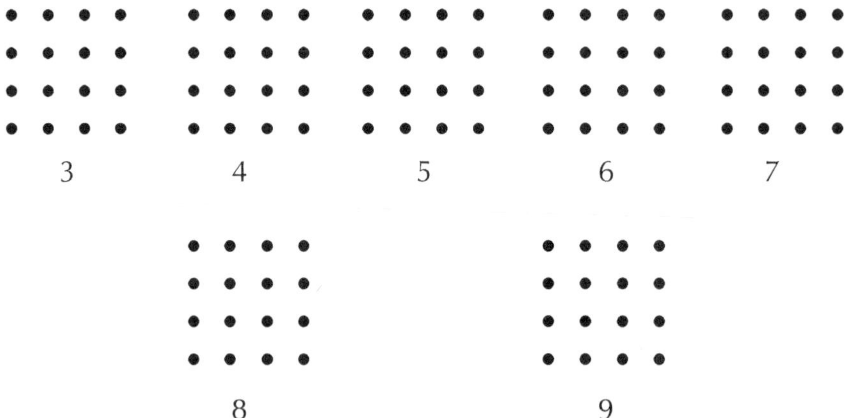

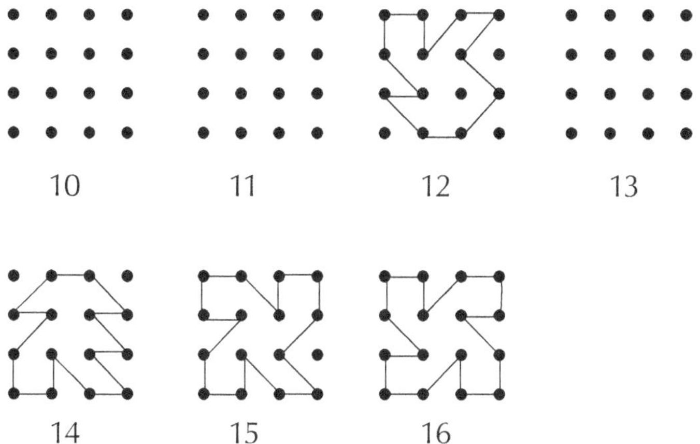

10   11   12   13

14   15   16

4 En un cuadrado de orden 5 x 5 construye el polígono de mayor número de lados.

5. En la cara A del geoplano, con cauchos construye cuadrados de orden 6 x 6, 7 x 7 y 8 x 8.

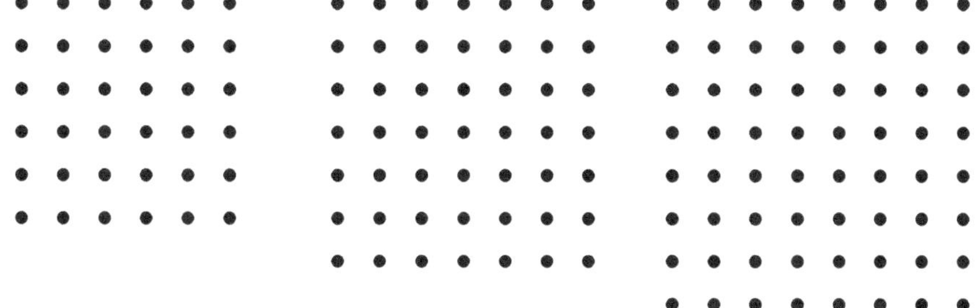

¿Observas alguna relación entre las dimensiones del orden del cuadrado y el polígono de mayor número de lados que se puede construir?

En un cuadrado de dimensión nxn, ¿cuál sería el polígono de mayor número de lados que se puede construir?

6. Para esta actividad, tomaremos como unidad de medida de longitud la medida del lado del cuadrado rayado de la figura, que llamaremos lado y como unidad de medida de superficie; la superficie de este cuadrado. Ejemplo.

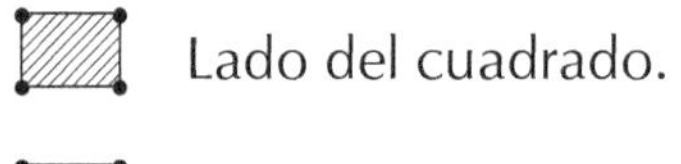 Lado del cuadrado.

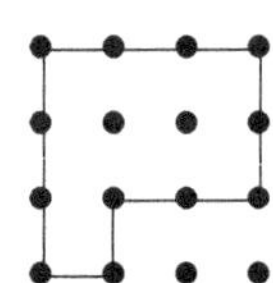 Unidad de área.

El perímetro de esta figura es de doce lados y tiene una superficie de 7 cuadrados.

Tomando como base la información anterior, calcula el perímetro y el área de las siguientes figuras.

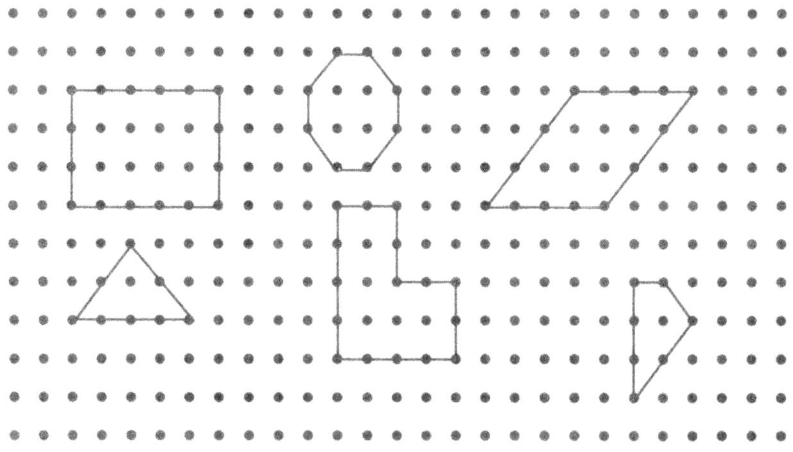

7. En la cara A el geoplano, construye polígono s de 3, 4, 5, 6, 7, 8, 9 y 10 lados. Encuentra el perímetro y área de cada uno de ellos.

8. En la cara A del geoplano, construye tres figuras semejantes a la dada en diferentes posiciones, una de razón de semejanza de 1/2 (reducción), otra de razón de semejanza 2 (ampliación) y otra de razón de semejanza 4.

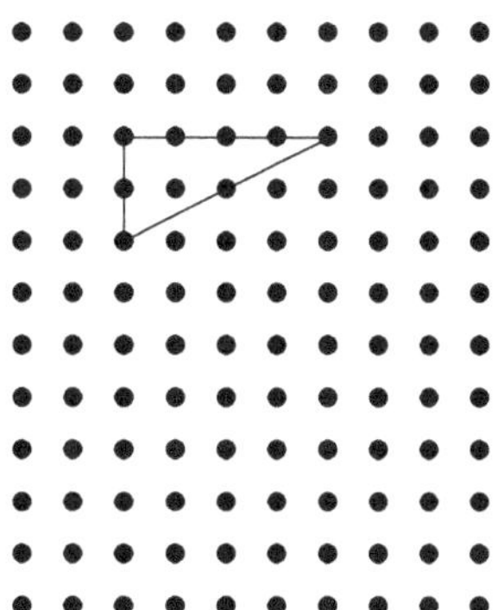

9. Un profesor estaba dando una clase práctica en la cual los niños tenían que investigar las diferentes formas de triángulo que podían determinarse en un cuadrado de orden 3 x 3, ya habían encontrado triángulos isósceles, rectángulos y escalenos.

Todos eran cuidadosamente anotadas y clasificados. Después de un rato, un estudiante preguntó: ¿Podemos encontrar un triángulo equilátero?

El profesor se quedó desconcertado ante esta pregunta, pero pronto se convenció de que esto no era posible en un cuadrado de orden 3 x 3. Sin embargo, se puso a pensar si sería posible en un cuadrado mayor. Entonces dió al alumno un cuadrado de orden 12 x 12, haciendo el siguiente comentario:

"No, es imposible en un cuadrado de orden 3 x 3, pero podrás encontrar un triángulo equilátero en este cuadrado". ¿Tenía razón el profesor?

10. En la cara A del geoplano, con cauchos de colores construye cuadriláteros.

(En estas actividades, es importante que los estudiantes consigan libros de geometría para consultar y así profundizar los conceptos).

11. En los cuadriláteros, de la actividad anterior.

- Trazar con pitas las diagonales a cada uno.

- Ubicar con plastilina sus vértices.

- Encontrar sus simetrías, construirlas con lana.

- Identificar sus ángulos.

- Caracterizar cada cuadrilátero con su respectivo nombre.

- Hallar el perímetro y el área, de cada uno.

Teniendo en cuenta el curso, el profesor o la profesora, deciden el estudio de cada cuadrilátero individualmente.

12. Construir en la cara A del geoplano, una figura formada por cuadriláteros, utilizando cauchos de colores, lana, pita y plastilina.

El estudio de las otras figuras planas, se puede hacer siguiendo el procedimiento anterior.

13. En la cara A del geoplano, con cauchos construye el plano cartesiano. Caracterizar cada eje.

- Determinar el origen.

- Ubicar con plastilina las siguientes parejas ordenadas:

  (2,3); (-1,3); (1,-5); (-2,-3).

Dependiendo del curso, se trabajará con números naturales, enteros, racionales e irracionales; en la ubicación de parejas ordenadas.

14. En la cara B del geoplano, con cauchos de colores, lana o pita intenta construir los siguientes diseños.

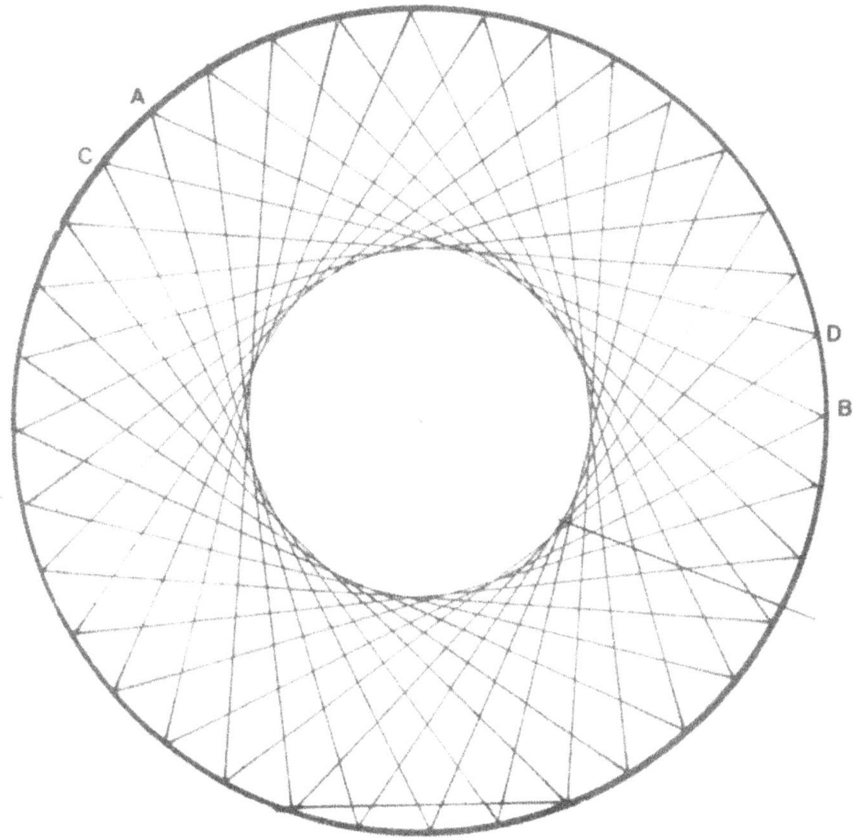

Figura: a

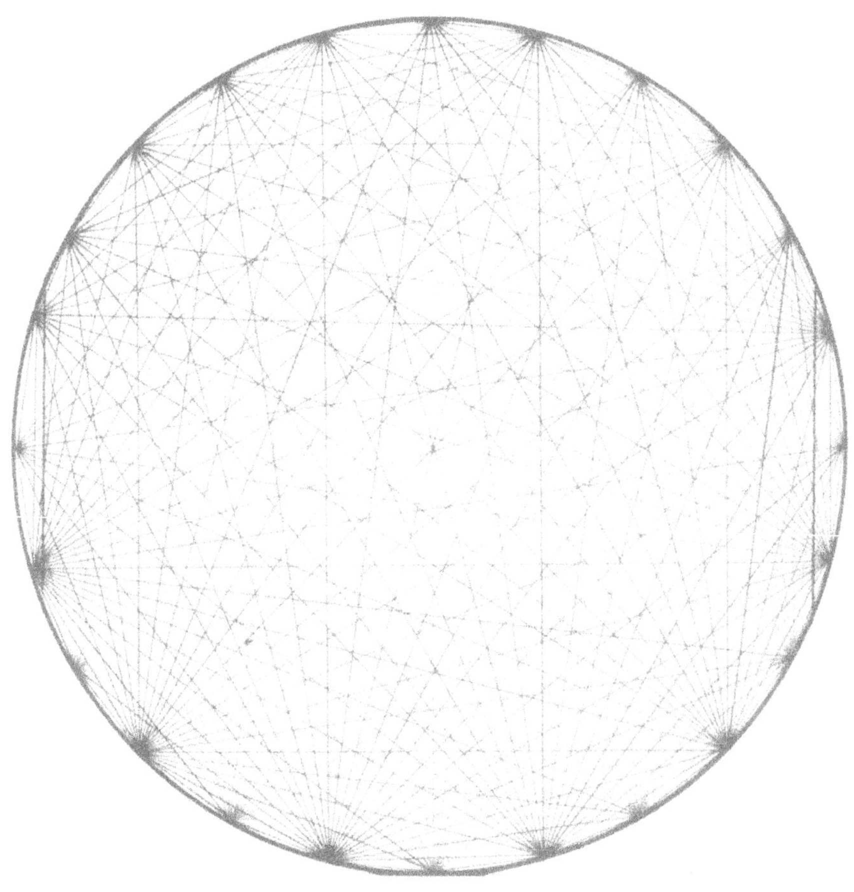

Figura: b

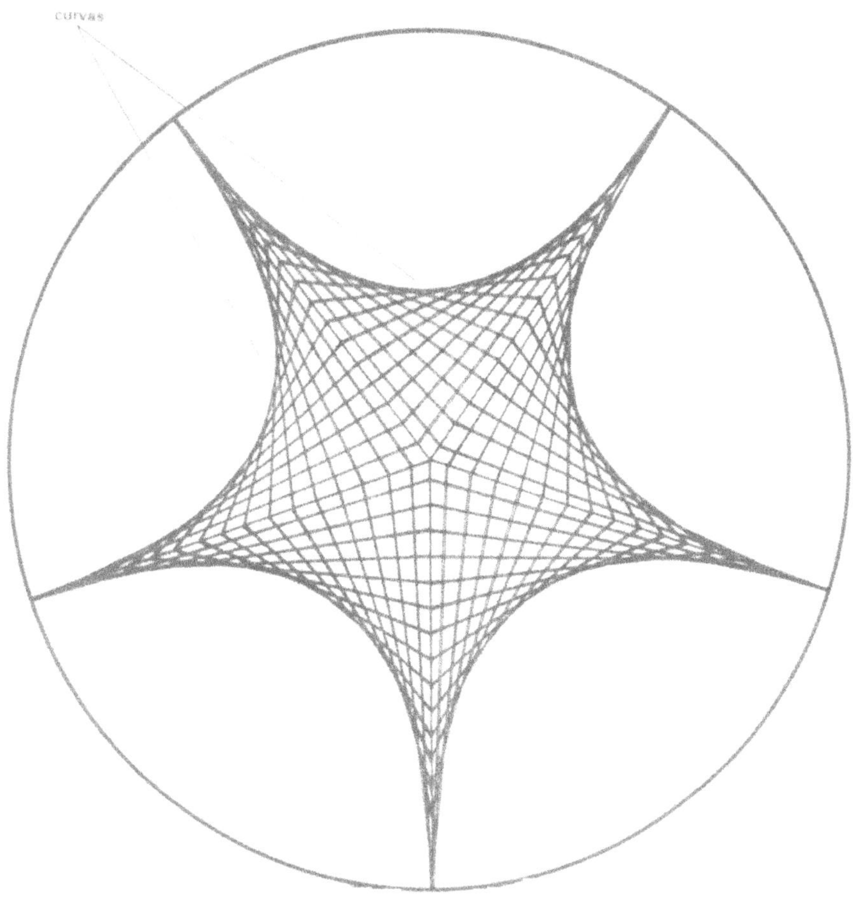

Figura: c

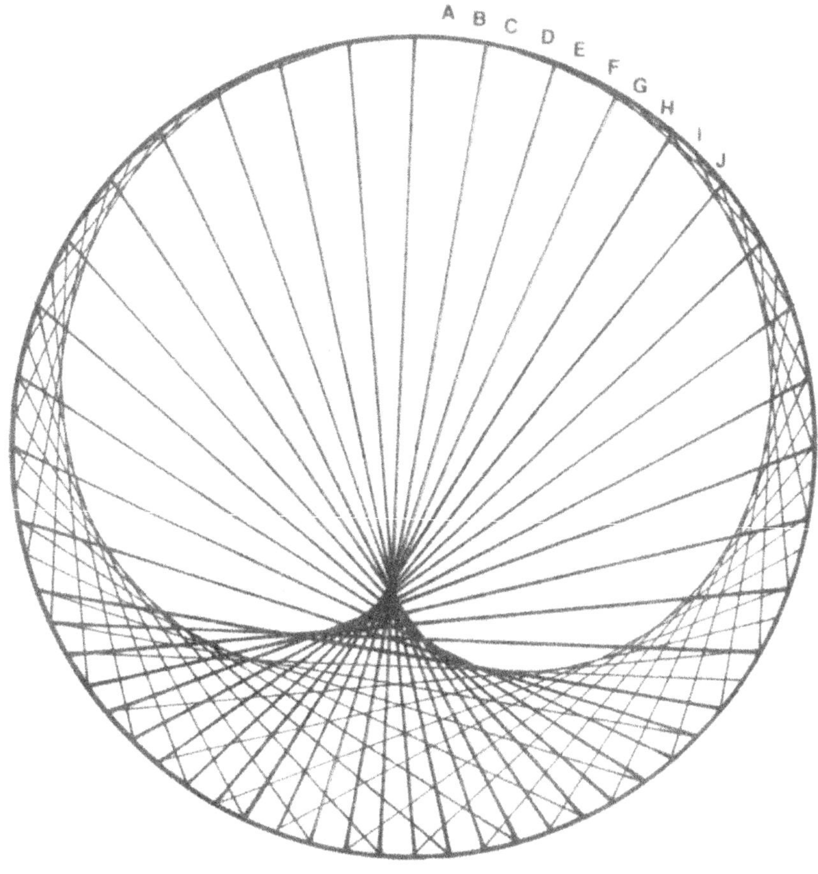

Figura: d

15. En la cara B del geoplano con pita construye la circunferencia e identifica el círculo.

16. En la cara B del geoplano, con cauchos de distintos colores, traza las líneas de la circunferencia.

17. En la cara B del geoplano, con lana une el centro del geoplano con el punto que corresponde a 0°, esta línea permanece fija.

Con cauchos de distintos colores construye ángulos en el sentido en que se mueven las manecillas del reloj y en el sentido contrario.

Construye ángulos de:
* 10°
* 15°
* 20°
* 30°
* 50°
* 90°
* 100°
* 110°
* 150°
* 220°
* 270°
* 290°
* 300°
* 360°

18. En la cara B del geoplano, con cauchos de colores, construye ángulos:
* Agudos
* Rectos
* Llanos
* Obtusos
* De una vuelta

19. En la cara B del geoplano, utilizando cauchos de colores, lana, pita, plastilina y mucha imaginación construye tu propio diseño.

   Dale un nombre y escribe lo que quieres expresar a través de él.

Soluciones

4. En el cuadro de orden 5 x 5, el polígono de mayor número de lados que se puede trazar es de 24 lados, (5 x 5 - 1 = 24), tal como se muestra en la siguiente figura.

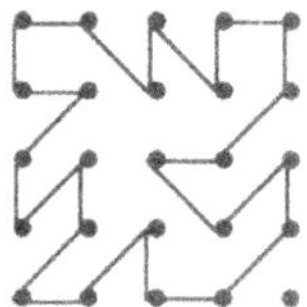

5.

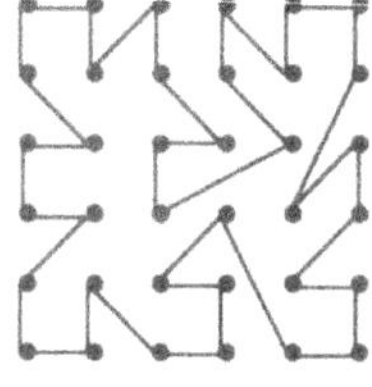 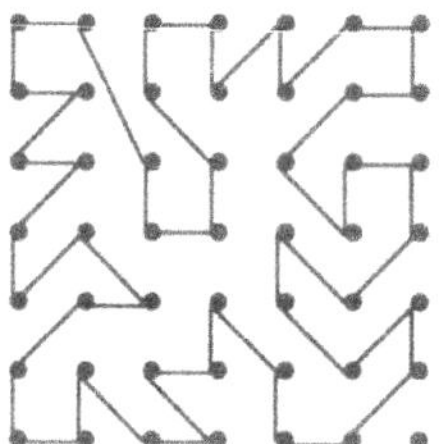 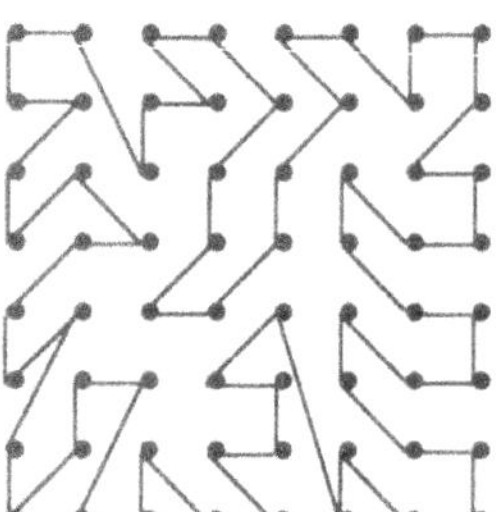

En un cuadrado de orden 6 x 6, el polígono de mayor número de lados que se puede trazar es de 36 lados.

En un cuadrado de orden 7 x 7, el polígono de mayor número de lados que se puede trazar es de 48 lados (7 x 7 - 1 = 48); en un cuadrado de orden 8 x 8 es de 64 lados.

En general, en un cuadrado de orden n x n, el polígono de mayor número de lados que se puede trazar es:

- Si n es par: n x n lados.

- Si n es impar: n x n - 1 lados.

6. Debes contar en cada figura, el número de lados, para hallar el perímetro; de acuerdo a la convención.

    Para encontrar el área de cada figura, debes contar los cuadrados.

9. En esta pregunta subyace la diferencia fundamental entre los números racionales y los irracionales. No sólo es imposible formar un triángulo equilátero en un tablero de clavos, sea cual fuere su orden, sino que ni siquiera es posible formar un ángulo de 60°.

    Sólo cocientes iguales a números racionales de la forma m/n, n≠O, son posibles y resulta que tg 60^0 =　　　es irracional.

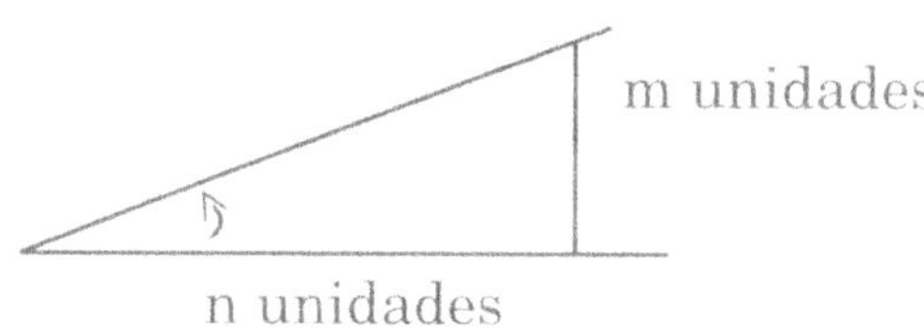

14. Estos diseños representan curvas envolventes. El diccionario nos dice que" envolver" significa rodear, utilizamos un envoltorio para mandar un paquete por correo, y los matemáticos utilizan la palabra envolvente, cuando se encuentran con familia de líneas (u otro tipo de curvas) que rodean a alguna figura, veamos.

    a. Para este diseño, necesitas marcar 36 puntos de la circunferencia. Cada punto está a 10°, medidos desde el centro del círculo.

        El geoplano, cara B, ya viene dividido en 36 partes de a 10° cada uno.

La envolvente del círculo se consigue uniendo cada punto n con el n + 10, por una línea recta.

Cuando n + 10 sea mayor que 36, debes restar 36 para encontrar el número correcto. Por ejemplo cuando n=29, entonces n+10=39 yel punto buscado se obtiene quitándole 36, es decir, el 3.

b. Para este diseño, necesitas marcar 24 puntos de la circunferencia.

Cada punto está a 15°, medidos desde el centro del círculo.

Desde cada punto traza una línea a cada uno de los demás puntos.

Encontrarás el diseño que contiene gran cantidad de circunferencias obtenidas con el trazado de líneas rectas.

c. Para este diseño, necesitas marcar, cinco puntos de la circunferencia. Cada punto está a 72°, medidos desde el centro del círculo.

Marca secciones de 5 mm; en cada línea, traza líneas entre las marcas.

d. Se trata de una envolvente muy curiosa, llamado Cardioide, es decir con forma de corazón.

Debes marcar 72 puntos sobre la circunferencia. Cada punto está a 5° del anterior, medidos desde el centro del círculo.

Se construye uniendo la 2; 2 a 4; 3 a 6; 4 a 8; 5 a 10, ... , y en general, el punto n al 2n.

20. Se pueden construir once figuras diferentes. Los pentominós. Excepto uno. ¿Cuál es?

Capítulo 5

Pasatiempos con monedas

1. Dos monedas idénticas A y B parten de la posición que indica la figura. La moneda B permanece en reposo, mientras que la A, rueda alrededor de B sin deslizar, hasta que vuelve a su posición inicial.

   ¿Cuántas vueltas habrá dado la moneda A?

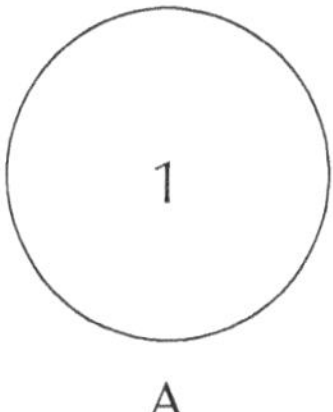

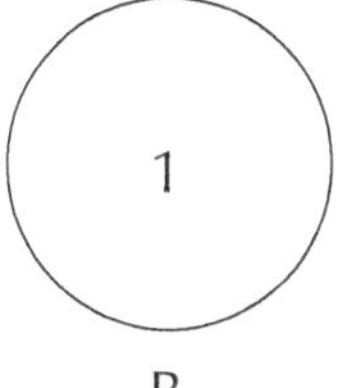

2. Se tiene un triángulo, formado por 10 monedas iguales. ¿Cuál es el mínimo de moneda que hay que cambiar de sitio para que el triángulo quede en posición invertida?

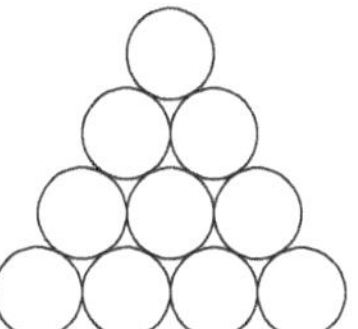

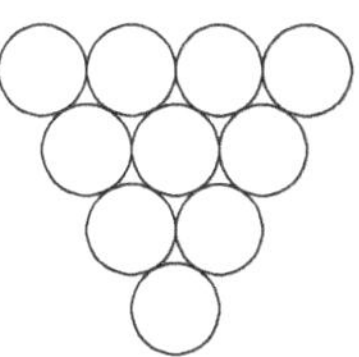

3. Coloca diez monedas iguales en fila.

Un movimiento del juego consiste en coger una moneda, saltar dos y ponerla sobre la tercera. Muestra cómo se podrían agrupar las monedas en cinco parejas igualmente espaciadas en sólo cinco movimientos.

4. Colocar 8 monedas iguales en fila, alternativamente cara y sello como en la figura.

Un movimiento consistirá en coger dos monedas seguidas de la fila y llevarlas a un extremo o a cualquier lugar de la fila en que haya un hueco, sin alterar nunca el orden en que estaban. Es posible colocarlas alineadas, en 4 movimientos, en el orden S S S S C C C C sin dejar ningún hueco entre ellas.

5. Coloca 8 monedas iguales formando un cuadrado de 3 monedas de lado, como indica la figura.

Mueve 4 monedas para formar un cuadrado, con cuatro monedas en cada lado.

6.

C

C C

C= Cara

Coloca tres monedas sobre la mesa con sus caras hacia arriba, un movimiento consiste en darle la vuelta a 2 monedas a la vez. ¿Cuántos movimientos serán necesarios para poner todas las monedas con su sello hacia arriba?

7. Coloca sobre la mesa 4 monedas todas ellas con sus caras hacia arriba. Un movimiento, consistirá en darle la vuelta a tres monedas cualesquiera a la vez. ¿Cuántos movimientos necesitarías para colocar todas las monedas con su sello hacia arriba?

C C C C

8. Coloca 9 monedas, formando un cuadrado, todas con su S, sello hacia arriba, excepto la del centro.

S S S

S C S

S S S

Un movimiento consistirá en darle la vuelta a las 3 monedas de una fila cualquiera, o de cualquier columna o de las dos diagonales.

¿Cuántos movimientos se necesitarían para llegar a colocar todas las monedas en su cara hacia arriba?

9. Coloca en fila 8 monedas sobre la mesa, trata de agruparlas, en 4 movimientos, en cuatro montones de dos monedas cada uno. En cada movimiento la moneda debe saltar exactamente sobre otras dos en cualquier dirección, y aterrizar sobre la siguiente aún no doblada.

    El salto puede hacerse sobre 2 monedas sencillas o sobre una pareja apilada.

    Hacer lo mismo con 10 monedas.

10. En la figura se tienen, seis monedas empaquetadas densamente en un romboide. En tres movimientos inténtese formar una circunferencia de tal manera que si se colocase una séptima moneda en el centro las otras seis quedarán densamente empaquetadas alrededor de ella.

    En cada movimiento debe deslizarse una moneda a su nueva posición de manera que toque a otras dos que determinan rígidamente su nueva situación.

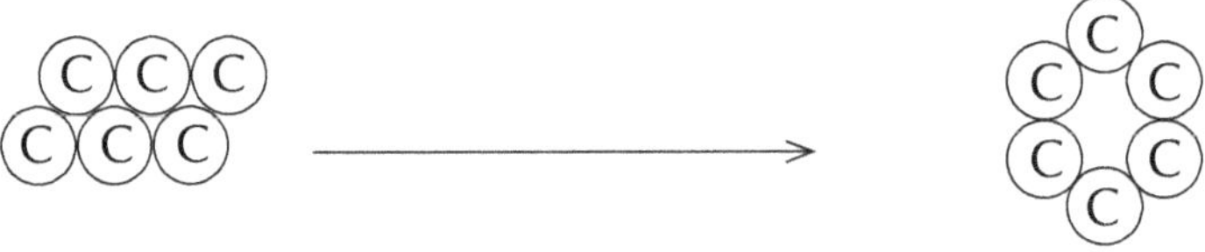

11. En tres movimientos moviendo cada vez 2 monedas al tiempo, haz que las monedas de 20 queden seguidas. No debe quedar espacio entre las 5 monedas.

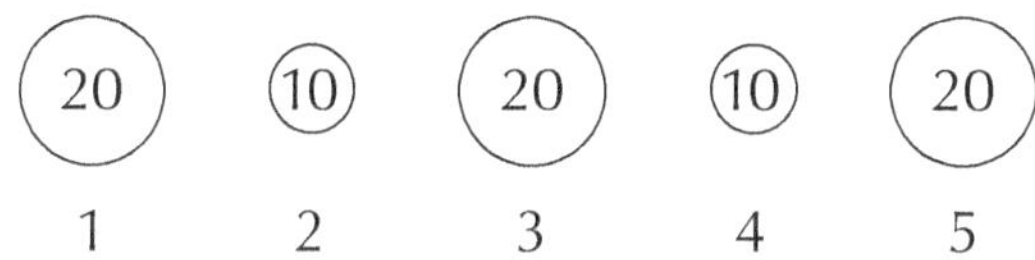

12. Se tienen 2 monedas como se indica en la figura

Al dar vueltas la moneda de 200 la moneda de 100 se mueve por la periferia. ¿Cuántas vueltas girará la moneda de 100 alrededor de su eje, mientras da una vuelta completa alrededor de la moneda de 20?

13. Colocar 3 platos en fila, uno junto al otro, colocar en uno de los platos extremos una pila de 5 monedas: la inferior de 1 cent, la siguiente de 50 cts, de 20 cts, de 5 cts, y la superior de 10 cts.

Observando las siguientes reglas:

a. Cada vez cambiar del plato una sola moneda.

b. N o se permite colocar una moneda mayor sobre otra menor

c. Provisionalmente, pueden colocarse monedas en el plato del medio, observando las dos reglas anteriores al final del juego todas las monedas deben encontrarse en el tercer plato en el orden inicial.

14. Si lanzamos una moneda. ¿Qué probabilidad existe de que caiga con el sello hacia arriba?

15. Colocar 10 monedas, de manera que formen líneas rectas, con cuatro monedas sobre cada una.

16. Colocar cuatro monedas iguales, formando un cuadrado, como muestra la figura.

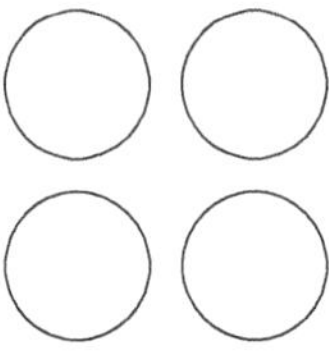

Cambiando de posición una sola moneda, formar dos hileras rectas con tres monedas, en cada una.

17. Colocar tres monedas, como en la figura.

Se debe ubicar la moneda C, entre A y B, de manera que las tres monedas queden en línea recta sin mover la moneda B, sin tocar la moneda A, con las manos, ni con ninguna parte del cuerpo, sin desplazarlo soplando.

18. Dibujar una línea vertical en una hoja de papel y tratar de colocar tres monedas de manera que las superficies de dos caras estén por completo a la derecha de la línea y las de dos sellos totalmente a su izquierda.

19. Se colocan seis monedas formando una cruz, como vemos. Hay que mover nada más una moneda y formar dos líneas rectas de tres monedas cada una.

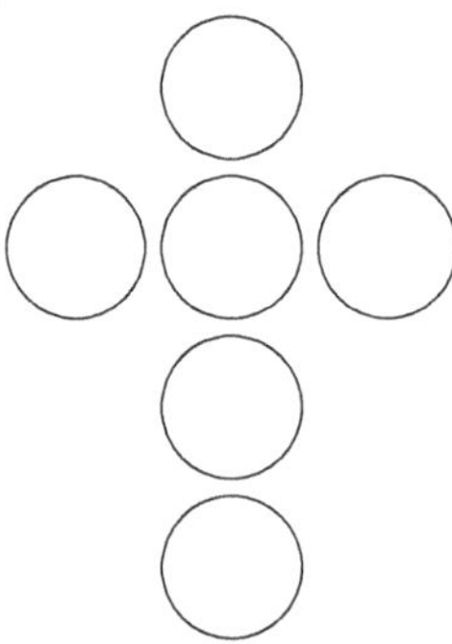

20. Se forma una H con siete monedas, como se muestra. Hay que añadir dos monedas y lograr que se formen diez rectas de tres monedas cada una.

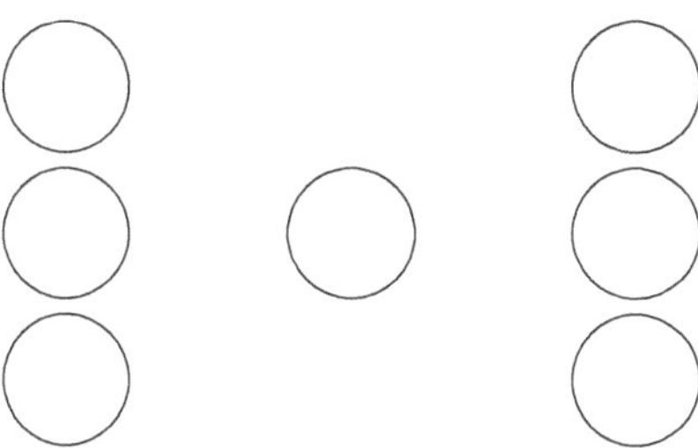

21. Colocar cuatro monedas idénticas de modo que cada una de ellas se encuentre a la misma distancia de las demás. La solución no es una formación cuadrada, como muestra el diagrama, pues la distancia de A a C es mayor que la distancia de A a B. Existe más de una solución, pero en la óptima todos los centros de las monedas equidistan unos de otros.

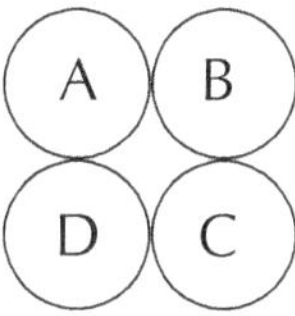

22. No hay dificultad en situar cuatro monedas de modo que todas ellas toquen a una quinta, ¿pero sabrás colocar cinco monedas idénticas de modo que cada una de ellas toque a todas las demás?

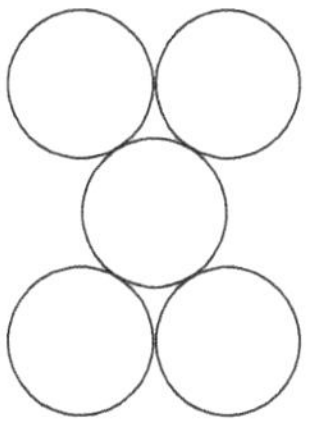

Soluciones

1. La moneda A, da dos vueltas. La efigie aparecerá invertida, cuando la moneda A haya rodado hasta colocarse en la parte superior de la B, en su posición de partida cuando pase exactamente a la derecha de la B; de nuevo invertida, al pasar por debajo de B y en la posición de partida al volver a situarse a la izquierda de B.

2. Hay que mover las 3 monedas de los vértices del triángulo así.

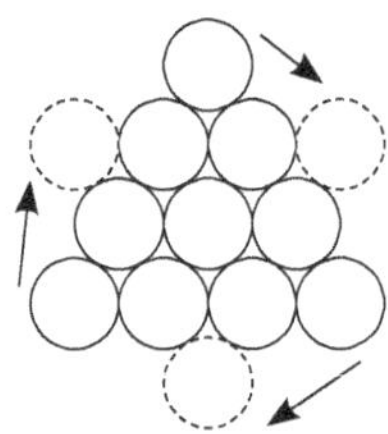

3. Coloca 7 sobre el 10, el 5 sobre el 2, el 3 sobre el 8, el 1 sobre el 4, el 9 sobre el 6.

4. Pas, inicial: CSCSCSCS

   Primer movimiento: SCCSCSC S

   Segundo movimiento: SCCS CCSS

   Tercer movimiento: S SCCCCSS

   Cuarto movimiento: SSSSCCCC

5. Recorriendo el cuadrado en el sentido de las agujas del reloj toma la moneda del centro de un lado y colócala encima de la que ocupa la esquina siguiente. El resultado obtenido es pues un cuadrado con dos monedas apiladas en cada vértice, con cuatro monedas en cada lado.

6. No es posible. Cualquier movimiento a partir de la posición inicial de 3 caras (C^3) nos lleva a una cara y dos sellos (CS^2) mientras que

cualquier movimiento a partir de (CS^2) nos conduce a (S^3) o a (CS^2) de nuevo; así que únicamente son posibles dos posiciones básicas.

7. Es posible hacerlo en 4 movimientos, una solución es la siguiente.

C	C	C	C
C°	S	S	S
S	S°	C	C
C	C	C°	S
S	S	S	S°

Donde el círculo indica la moneda que no ha sido vuelta en ese movimiento.

Se puede investigar el caso de 5 monedas, en el que un movimiento consiste en dar la vuelta a 4 cualesquiera.

8. Es posible hacerlo en 5 movimientos. Representamos las monedas por letras.

a	b	c
d	e	t
g	h	y

Una posible solución consiste en:

a) Volver a e y

b) Volver b e h

e) Volver c e g

c) Volver a b c

d) Volver g h y

¿Sería posible aún resolver este rompecabezas, si excluyéramos los movimientos de las diagonales?

9. Para doblar las 8 monedas en 4 montones de dos cada una, numérense de 1 a 8 y trasládese la 4 a la 7, la 6 a la 2, la 1 a la 3, la 5 a la 8.

   Con 10 monedas basta duplicar las monedas en un extremo por ejemplo poner 7 sobre la 10, para dejar una fila de 8 que se resuelve como antes.

   Está claro que la fila, de 2n monedas se puede resolver en n movimientos duplicando las monedas en un extremo hasta que queden 8 y luego aplicando la solución para este último caso.

10. 6 monedas en formación romboide, pueden transformarse en una circunferencia, según las reglas dadas, numerándolas, así:

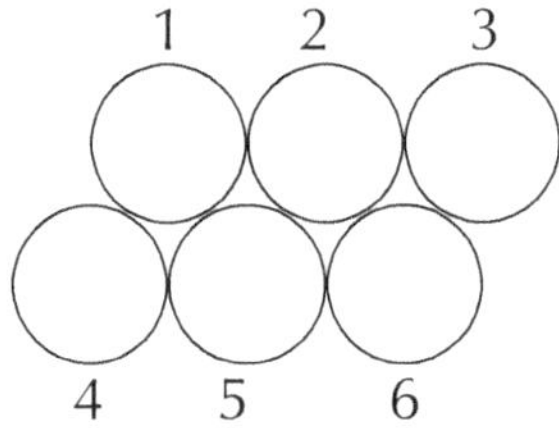

   Se mueve la 6 en forma que toque a la 4 ya la 5; la 5 tocando a la 2 y a la 3 por abajo y la 3 tocando a la 5 y ala 6.

11. Primer movimiento: Las monedas 2 y 3 pasan a la derecha de la número 5.

    Segundo movimiento: Las monedas 5 y 2 se colocan entre las monedas 1 y 4.

    Tercer movimiento: Las monedas 1 y 5 se colocan entre las monedas 4 y 3.

12. La moneda dará 4 vueltas. Para ver claramente cómo se resuelve el problema, ponga en una hoja lisa de papel dos monedas iguales, por ejemplo, de 20 cts, como indica la figura.

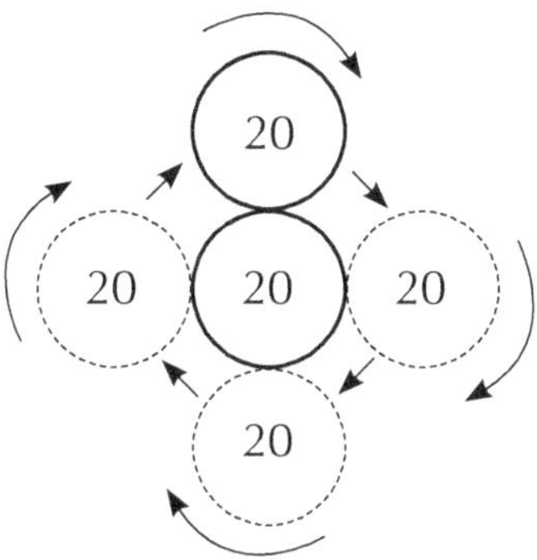

Sujetando con la mano la moneda de abajo vaya haciendo rodar por su borde la de arriba. Cuando la moneda de arriba haya recorrido media circunferencia de la de abajo y quede situada en su parte inferior, habrá dado la vuelta completa, alrededor de su eje, esto se comprueba por la posición de la cifra de la moneda.

Al dar la vuelta completa alrededor de la moneda fija, la móvil tiene tiempo de girar no una vez, sino dos.

Al girar un cuerpo trazando una circunferencia, da siempre una revolución más que las que pueden contarse directamente.

Por ese motivo nuestro globo terrestre, al girar alrededor del sol, da vueltas alrededor de su eje no 365 veces y 1/4, sino 366 y 1/4, si consideramos las vueltas en relación con las estrellas y no en relación con el sol.

14. La moneda puede caer sobre la mesa de dos maneras, con el sello hacia arriba o hacia abajo. El número de casos posibles es 2, de los cuales para el hecho que nos interesa, es favorable sólo uno de ellos. De lo dicho se deduce la siguiente relación.

$$\frac{\text{El número de casos favorables} = 1}{\text{El número de casos posibles} \quad 2}$$

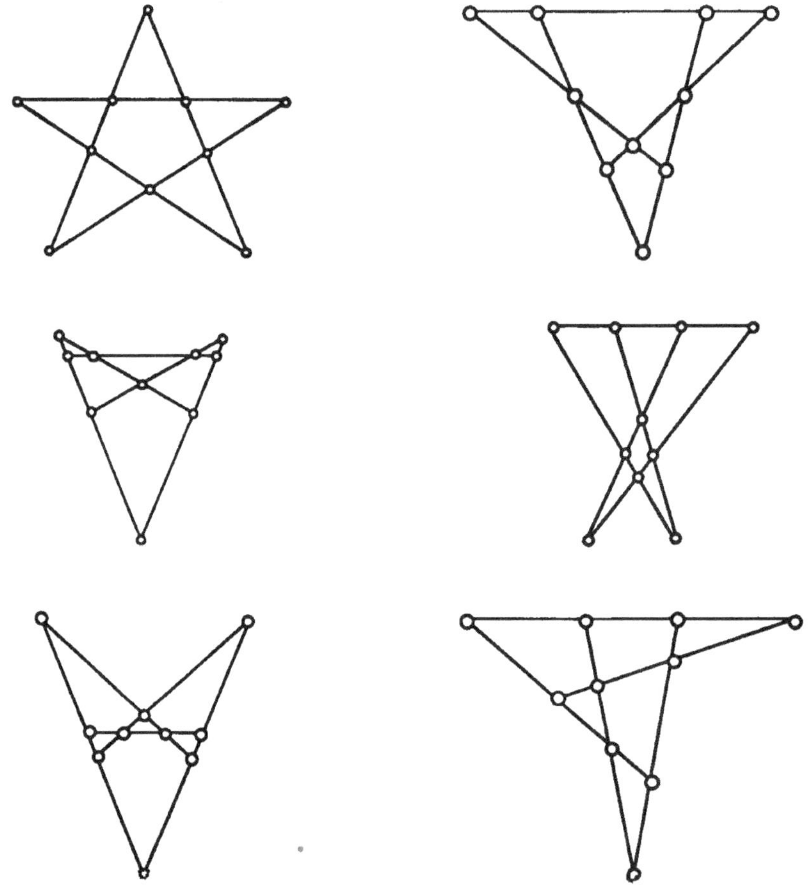

16. La solución es bastante sencilla, consiste en coger una, y ponerla encima de la diagonalmente opuesta.

17. Para ubicar la moneda e, entre otras dos, Ay B, en contacto sin tocar A ni mover B, apriétese B con el dedo firmemente y luego deslícese e contra B.

Hay que tener cuidado, sin embargo, de soltar e antes de que golpee a B. El impacto separará a A de B de tal manera que e podrá colocarse entre las dos monedas que antes estaban en contacto.

18. Tres monedas pueden colocarse con dos caras a un lado de la línea y dos sellos en el otro si se disponen como se muestra en la siguiente figura.

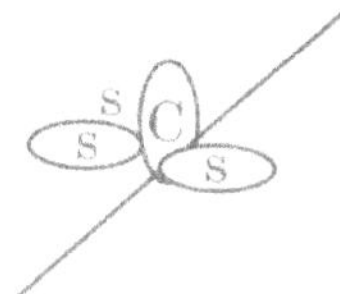

19. La moneda situada al pie de la cruz, se coloca sobre la central.

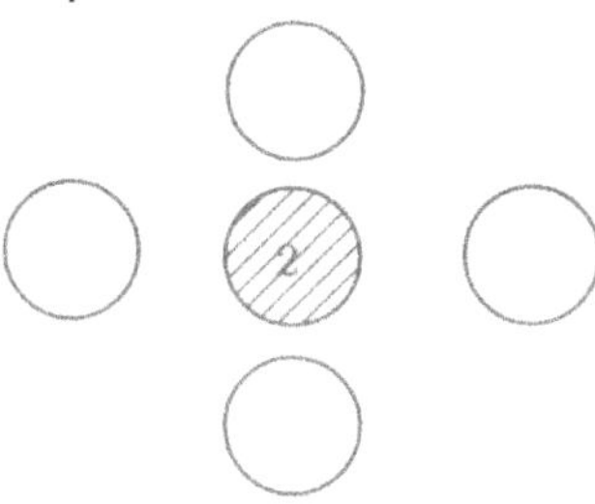

20.

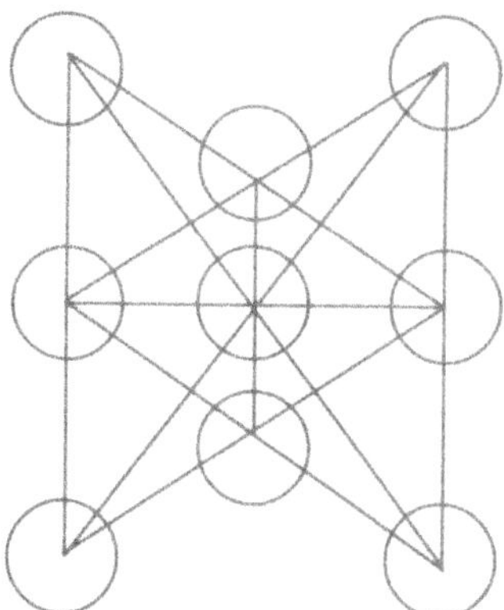

21. La solución habitual de este rompecabezas consiste en hacer que tres monedas se toquen entre sí, formando un triángulo equilátero, y colocar la cuarta sobre las tres. Sin embargo la solución más satisfactoria consiste en situar las cuatro monedas como si fueran otras tantas circunferencias inscritas en las caras de un tetraedro regular.

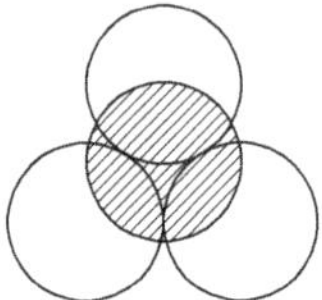

22. Se colocan primero dos monedas en contacto, acostadas sobre la cara superior de una tercera moneda, que hace de base, como vemos. Ahora hay que apoyar verticalmente dos monedas sobre la moneda base e inclinadas una hacia la otra, hasta que se toquen. Con paciencia y cuidado puede lograrse que las dos monedas en pie toquen a las tres que yacen horizontales.

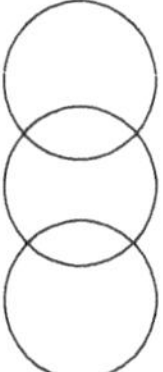 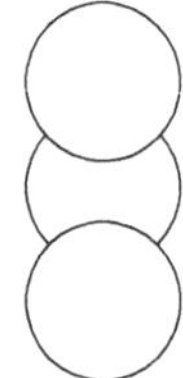

Capítulo 6
Sólo para pilos

Existe una conexión de nuestra herencia esotérica que vincula a los planetas con los laberintos y la establecen los cuadrados mágicos.

Encontramos los cuadrados mágicos y sus tradicionales asociaciones planetarias.

Actividades

1. En un cuadrado de orden 3x3, escribe los números de 1 a 9; de tal manera que sumados en vertical, horizontal y diagonal, su suma sea 15.

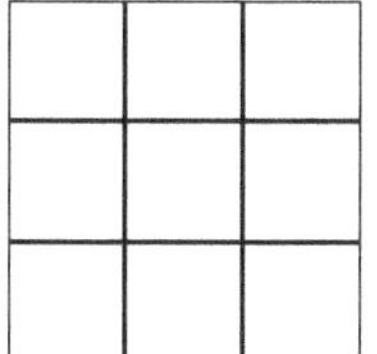

3X3

2. En un cuadrado de orden 4x4, escribe los números de 1 a 16; de tal manera que sumados en vertical, horizontal y diagonal, su suma sea 34.

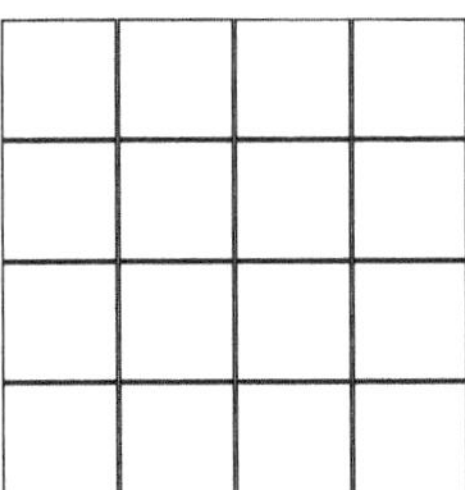

4 x4

3. En un cuadrado de orden 5x5, escribe los números de 1 a 25, de tal manera que sumados en vertical, horizontal y diagonal, su suma sea 65.

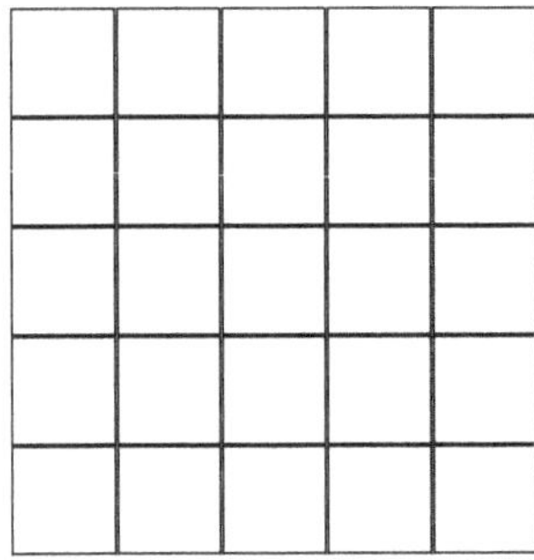

5x5

4. En un cuadrado de orden 6x6, escribe los números de 1 a 36, de tal manera que sumados en vertical, horizontal y diagonal, su suma sea 111

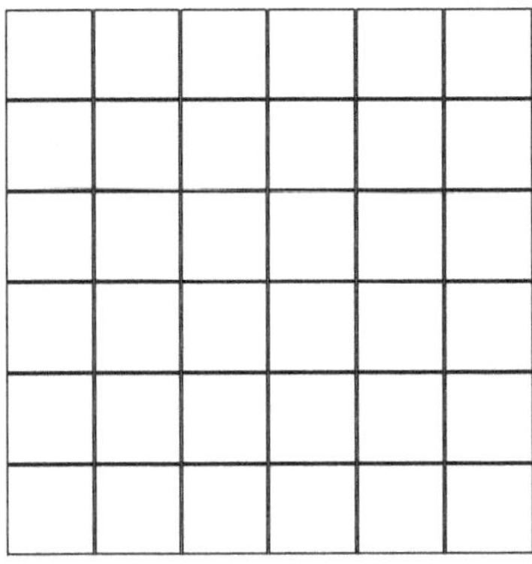

6 x 6

5. En un cuadrado de orden 7x7, escribe los números de 1 a 49, de tal manera que sumados en vertical, horizontal y diagonal, su suma sea 175.

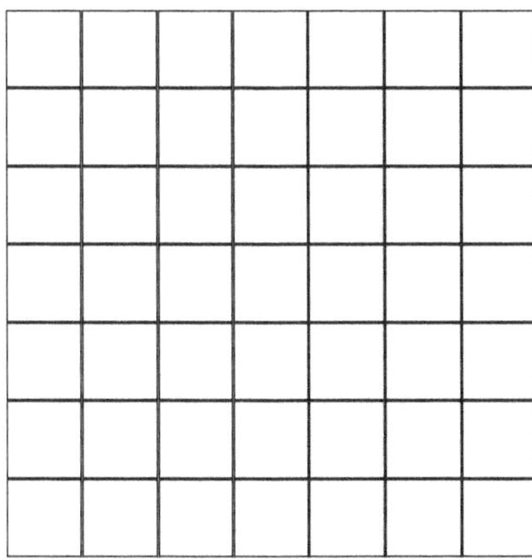

7x7

6. En un cuadrado de orden 8x8, escribe los números de 1 a 64, de tal manera que sumados en vertical, horizontal y diagonal, su suma sea 260.

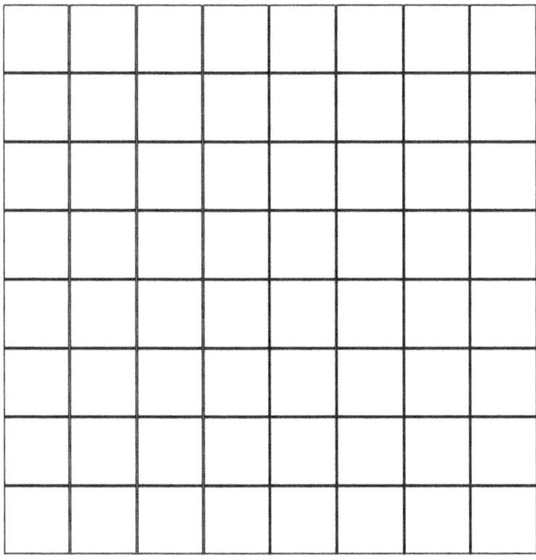

8x8

7. En un cuadrado de orden 9x9, escribe los números de 1 a 81, de tal manera que sumados en vertical, horizontal y diagonal, su suma sea 369.

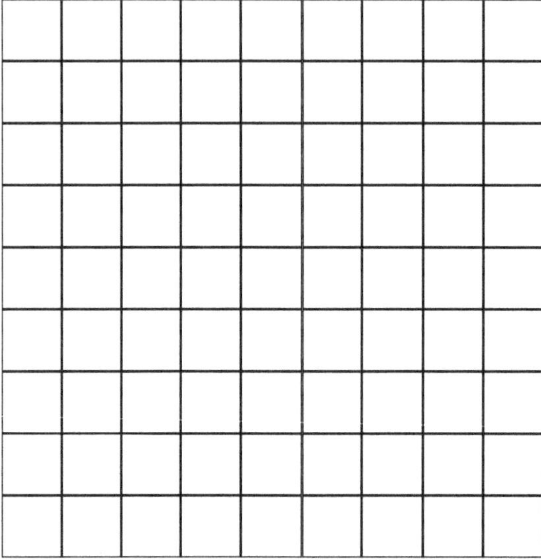

9x9

Soluciones

1. A este cuadrado mágico, se le relaciona con el planeta Saturno.

4	9	2
3	5	7
8	1	9

2. A este cuadrado mágico, se le relaciona con el planeta -Iúpiter.

4	14	15	1
9	7	6	12
5	11	10	8
16	2	3	13

3. A este cuadrado mágico, se le relaciona con el planeta Marte.

11	24	7	20	3
4	12	25	8	16
17	5	13	21	9
10	18	1	14	22
23	6	19	2	15

4. A este cuadrado mágico, se le relaciona con el Sol.

6	32	3	34	35	1
7	11	27	28	8	30
19	14	16	15	23	24
18	20	22	21	17	13
25	29	10	9	26	12
36	5	33	4	2	31

5. A este cuadrado mágico, se le asocia el planeta Venus.

22	47	16	41	10	35	4
5	23	48	17	42	11	29
30	6	24	49	18	36	12
13	31	7	25	43	19	37
38	14	32	1	26	44	20
21	39	8	33	2	27	45
46	15	40	9	34	3	28

6. A este cuadrado mágico, se le relaciona con el planeta Mercurio.

8	58	59	5	4	62	63	1
49	15	14	52	53	11	10	56
41	23	22	44	45	19	18	48
32	34	35	29	28	38	39	25
40	26	27	37	36	30	31	33
17	47	46	20	21	43	42	24
9	55	54	12	13	51	50	16
64	2	3	61	60	6	7	57

7. A este cuadrado mágico, se le asocia la luna.

37	78	29	70	21	62	13	54	5
6	38	79	30	71	22	63	14	46
47	7	39	80	31	72	23	55	15
16	48	8	40	81	32	64	24	56
57	17	49	9	41	73	33	65	25
26	58	18	50	1	42	74	34	66
67	27	59	10	51	2	43	75	35
36	68	19	60	11	52	3	44	76
77	28	69	20	61	12	53	4	45

- Encuentra soluciones diferentes para cada cuadrado. Inventa y escribe tus estrategias.

- ¿Sabes de dónde se obtiene el número mágico, para cada cuadrado?

  Encontremos el número mágico para el cuadrado de orden 9x9, aplicando la siguiente fórmula:

M= Número mágico

C= Número de cuadrados por lado

M=369

- Encuentra el número mágico para los otros cuadrados mágicos.

Bibliografía

GONZÁLEZ RUIZ, Anton. *Taller de matemáticas.* España. N arcea, S.A. de Ediciones.

BOLT, Brian. *Divertimentos matemáticos.* España, Editorial Labor. 1986.

__________. *Más actividades matemáticas.* España, Editorial Labor. 1988.

BOYER, C. *Historia de la matemática.* Editorial Alianza. Madrid. 1986.

COLLETTE, J.P. *Historia de las matemáticas.* Editorial siglo XXI, Madrid.

GARDNER, Martín. *Nuevos rompecabezas mentales.* Selector. México. 1991.

LONEGREN, Sig. *El poder mágico de los laberintos.* Martínez Roca, Barcelona, 1993.

MEIROVITZ, M. Y JACOBS, P. *Pensamiento visual.* Ediciones Martínez Roca. Barcelona. 1989.

MASON, J; BURTON, L y STACEY, K. *Pensar matemáticamente.* Editorial Labor. Barcelona. 1988.

POLYA, G. *Cómo plantear y resolver problemas.* Trillas, México. 1981.